# EL SECRETO DE LA VIDA SALUDABLE ANTIINFLAMATORIA DEL CUERPO

Sr. Gonzalo I Linares Amezcua

IA GENERATIVE OPENAI

ISBN: 9798324884710

Sello: Independently published

# ÍNDICE

Introducción al secreto de la vida saludable antiinflamatoria del cuerpo

¿Qué es la inflamación y por qué es importante para ti?

Descubriendo el enemigo silencioso: la inflamación crónica.

¿Cómo la inflamación afecta tu salud en general?

Los signos y síntomas de la inflamación que no puedes ignorar.

Dieta antiinflamatoria: El secreto de la vida saludable antiinflamatoria del cuerpo

Alimentos antiinflamatorios vs. alimentos inflamatorios: Tu guía completa.

Desmitificando la dieta antiinflamatoria: qué comer y qué evitar.

Crea tu lista de compras antiinflamatoria: alimentos esenciales para tu despensa.

Recetas deliciosas y fáciles para incorporar alimentos antiinflamatorios a tu dieta.

Azúcar y edulcorantes: La verdad sobre su impacto inflamatorio.

¿Es el azúcar realmente tan malo como dicen? La ciencia detrás del azúcar y la inflamación.

Alternativas saludables al azúcar: endulzando tu vida sin sacrificar el sabor.

Consejos prácticos para reducir el consumo de azúcar y vivir más saludable.

Cereales y harinas refinadas: El enemigo oculto de la inflamación.

¿Por qué los cereales y harinas refinadas son inflamatorios? La ciencia detrás del gluten y otros componentes.

Opciones de granos integrales y harinas sin gluten para una dieta más saludable.

Recetas deliciosas y nutritivas con granos integrales para todos los gustos.

Grasas saludables vs. grasas inflamatorias: Elige sabiamente para tu salud.

No todas las grasas son iguales: descubriendo las grasas buenas y las malas.

Las grasas saludables que tu cuerpo necesita para combatir la inflamación.

Cómo incorporar grasas saludables a tu dieta de manera deliciosa y equilibrada.

Estilo de vida antiinflamatorio:

Ejercicio regular: Tu arma secreta contra la inflamación.

La importancia del movimiento físico para combatir la inflamación crónica.

Encuentra el tipo de ejercicio que te apasiona y se adapta a tu estilo de vida.

Consejos prácticos para incorporar actividad física a tu rutina diaria.

Estrés: El enemigo silencioso que alimenta la inflamación.

Cómo el estrés crónico afecta tu cuerpo y aumenta la inflamación.

Técnicas de relajación y manejo del estrés para una vida más tranquila.

Crea un ambiente favorable para el descanso y la recuperación en tu hogar.

Sueño reparador: La clave para una salud antiinflamatoria.

La importancia del sueño de calidad para combatir la inflamación y fortalecer tu sistema inmunológico.

Hábitos saludables para dormir mejor y despertarte con energía.

Crea un ambiente ideal para un sueño reparador en tu dormitorio.

Suplementos antiinflamatorios: ¿Son realmente efectivos?

Descubre los suplementos naturales que pueden ayudar a combatir la inflamación.

Cuando y cómo tomar suplementos antiinflamatorios de manera segura y efectiva.

Consulta con tu médico para asegurarte de que los suplementos sean adecuados para ti.

Toxinas ambientales: Cómo protegerte de la inflamación oculta.

Identifica las toxinas ambientales que pueden estar contribuyendo a la inflamación.

Estrategias prácticas para reducir tu exposición a toxinas en el hogar y el trabajo.

Crea un ambiente más saludable y libre de toxinas para ti y tu familia.

Prevención y tratamiento de enfermedades relacionadas con la inflamación:

Enfermedades cardíacas: El papel de la inflamación en el riesgo cardiovascular.

Cómo la inflamación crónica puede aumentar el riesgo de enfermedades cardíacas.

Estrategias para prevenir las enfermedades cardíacas a través de la dieta y el estilo de vida antiinflamatorio.

La importancia de los chequeos médicos regulares y el control de los factores de riesgo.

Diabetes tipo 2: La conexión entre la inflamación y la resistencia a la insulina.

Cómo la inflamación crónica puede contribuir al desarrollo de la diabetes tipo 2.

Cambios en la dieta y el estilo de vida para prevenir y controlar la diabetes tipo 2.

La importancia del monitoreo de la glucosa en sangre y el seguimiento médico.

Artritis: Combatiendo el dolor y la inflamación articular.

¿Cómo la inflamación crónica puede afectar las articulaciones y causar artritis?

Estrategias para aliviar el dolor y la inflamación

Introducción al secreto de la vida saludable antiinflamatoria del cuerpo

En la sociedad moderna, la inflamación crónica se ha convertido en un problema de salud cada vez más común. Muchas enfermedades como la artritis, la obesidad, la diabetes y las enfermedades cardíacas tienen su origen en la inflamación crónica del cuerpo. Afortunadamente, existe un secreto para combatir esta inflamación y mejorar nuestra salud de manera significativa: la alimentación antiinflamatoria. En este libro, te revelaré los secretos de la vida saludable antiinflamatoria del cuerpo. Aprenderás cómo identificar los alimentos que promueven la inflamación y cómo incorporar en tu dieta aquellos que te ayudarán a combatirla. Descubrirás cómo adoptar hábitos saludables que te permitirán sentirte mejor, vivir más tiempo y alcanzar tu peso ideal. La clave para una vida antiinflamatoria está en los alimentos que consumimos a diario. Algunos alimentos, como los alimentos procesados, los azúcares refinados y las grasas saturadas, promueven la inflamación en nuestro cuerpo. Por otro lado, existen alimentos como las frutas y verduras frescas, los frutos secos, las semillas y los pescados ricos en ácidos grasos omega-3, que tienen propiedades antiinflamatorias y nos ayudan a reducir la inflamación en nuestro organismo. En las páginas siguientes, te guiaré en la creación de una dieta deliciosa y nutritiva que combata la inflamación. Te enseñaré a incorporar en tu vida hábitos saludables como el ejercicio regular, el manejo del estrés y el descanso adecuado, que te ayudarán a mantener un equilibrio en tu cuerpo y a reducir la inflamación de manera natural. Además, descubrirás el poder de los suplementos naturales que pueden potenciar tu salud antiinflamatoria. Desde la cúrcuma hasta el jengibre, pasando por el aceite de pescado y la vitamina D, existen muchas opciones naturales que pueden ayudarte a prevenir y tratar enfermedades relacionadas con la inflamación. "El secreto de la vida saludable antiinflamatoria del cuerpo" es tu guía completa para una vida más sana, más larga y más plena. Toma el control de tu salud y comienza a vivir la vida que siempre has deseado. Juntos, descubriremos el poder transformador de la alimentación antiinflamatoria y te ayudaré a dar los primeros pasos hacia una vida más saludable y feliz. ¡Prepárate para un viaje hacia el bienestar y la plenitud!

¿Qué es la inflamación y por qué es importante para ti?

La inflamación es una respuesta natural del cuerpo a una lesión o infección. Es un proceso vital que ayuda a proteger el cuerpo y a sanar los tejidos dañados. Sin embargo, cuando la inflamación se vuelve crónica, puede ser perjudicial para la salud. La inflamación crónica es la raíz de muchas enfermedades modernas, como la artritis, la obesidad, la diabetes y las enfermedades cardíacas. Cuando el cuerpo está constantemente en un estado de inflamación, se produce un desequilibrio en el sistema inmunológico y se liberan sustancias químicas que pueden dañar los tejidos y órganos. Es importante entender que la inflamación crónica no es solo un problema aislado, sino que puede tener efectos en todo el cuerpo. Puede afectar la salud cardiovascular, el sistema digestivo, el sistema nervioso y la salud mental. Por lo tanto, es crucial tomar medidas para combatir la inflamación y prevenir enfermedades relacionadas. Una de las formas más efectivas de combatir la inflamación es a través de la alimentación antiinflamatoria. Al consumir alimentos ricos en antioxidantes, ácidos grasos omega-3, fibra y otros nutrientes antiinflamatorios, podemos reducir la respuesta inflamatoria en nuestro cuerpo y promover la salud a largo plazo. Además de la alimentación, es importante adoptar hábitos saludables como el ejercicio regular, el manejo del estrés y el descanso adecuado. El ejercicio ayuda a reducir la inflamación y a fortalecer el sistema inmunológico, mientras que el estrés crónico puede aumentar la inflamación en el cuerpo. Por lo tanto, es fundamental encontrar formas de manejar el estrés y promover la relajación. En resumen, la inflamación es un proceso natural del cuerpo que puede ser beneficioso en ciertas circunstancias. Sin embargo, cuando se vuelve crónica, puede ser perjudicial para la salud y aumentar el riesgo de enfermedades graves. Adoptar una dieta y un estilo de vida antiinflamatorio puede ser clave para prevenir y tratar la inflamación crónica y promover una vida más saludable y plena. ¡Descubre el poder de la alimentación antiinflamatoria y transforma tu salud hoy mismo!

Descubriendo el enemigo silencioso: la inflamación crónica.

La inflamación crónica es como un enemigo silencioso que acecha en nuestro cuerpo, causando estragos sin que nos demos cuenta. A diferencia de la inflamación aguda, que es una respuesta rápida y temporal a una lesión o infección, la inflamación crónica es persistente y puede durar semanas, meses o incluso años. Este estado de inflamación constante puede tener efectos devastadores en nuestra salud. A medida que las células inmunitarias liberan sustancias químicas inflamatorias en el torrente sanguíneo, se produce un daño en los tejidos y órganos, lo que aumenta el riesgo de enfermedades crónicas como la artritis, la obesidad, la diabetes y las enfermedades cardíacas. La inflamación crónica también puede afectar la salud mental y emocional, contribuyendo a problemas como la depresión, la ansiedad y la fatiga crónica. Además, se ha demostrado que la inflamación crónica está relacionada con el envejecimiento prematuro y el desarrollo de enfermedades degenerativas como el Alzheimer y el cáncer. Entonces, ¿qué podemos hacer para combatir este enemigo silencioso y restaurar la salud de nuestro cuerpo? La respuesta está en adoptar un enfoque antiinflamatorio en nuestra alimentación y estilo de vida. Una dieta rica en alimentos antiinflamatorios como frutas y verduras, grasas saludables como el aguacate y los frutos secos, y especias como la cúrcuma y el jengibre puede ayudar a reducir la inflamación en nuestro cuerpo. Estos alimentos contienen antioxidantes y compuestos antiinflamatorios que combaten los radicales libres y reducen la respuesta inflamatoria en el organismo. Además de la alimentación, es importante incorporar hábitos saludables como el ejercicio regular, el manejo del estrés y el descanso adecuado en nuestra rutina diaria. El ejercicio ayuda a reducir la inflamación al estimular la liberación de endorfinas, mientras que el estrés crónico puede aumentar la producción de cortisol, una hormona que promueve la inflamación en el cuerpo. En resumen, la inflamación crónica es un enemigo silencioso que puede tener efectos devastadores en nuestra salud si no se controla a tiempo. Adoptar una dieta y un estilo de vida antiinflamatorio puede ser la clave para prevenir y tratar enfermedades relacionadas con la inflamación, y promover una vida más saludable y plena. ¡Descubre el poder de la alimentación antiinflamatoria y transforma tu salud hoy mismo!

¿Cómo la inflamación afecta tu salud en general?

La inflamación crónica es un enemigo silencioso que puede afectar nuestra salud de manera significativa. Cuando nuestro cuerpo está constantemente en estado de inflamación, las células inmunitarias liberan sustancias químicas inflamatorias que pueden dañar los tejidos y órganos, aumentando así el riesgo de desarrollar enfermedades crónicas graves. La artritis, la obesidad, la diabetes y las enfermedades cardíacas son algunas de las enfermedades que pueden ser causadas o empeoradas por la inflamación crónica. Además, la salud mental y emocional también se ve afectada, con la inflamación crónica contribuyendo a problemas como la depresión, la ansiedad y la fatiga crónica. Incluso el envejecimiento prematuro y el desarrollo de enfermedades degenerativas como el Alzheimer y el cáncer están relacionados con la inflamación crónica. Por lo tanto, es crucial tomar medidas para combatir esta condición y restaurar la salud de nuestro cuerpo. Una de las formas más efectivas de combatir la inflamación crónica es a través de la alimentación. Una dieta rica en alimentos antiinflamatorios como frutas, verduras, grasas saludables y especias puede ayudar a reducir la respuesta inflamatoria en nuestro cuerpo. Estos alimentos contienen antioxidantes y compuestos antiinflamatorios que combaten los radicales libres y promueven la salud celular. Además de la alimentación, es importante incorporar hábitos saludables en nuestra rutina diaria. El ejercicio regular, el manejo del estrés y el descanso adecuado son clave para reducir la inflamación en el cuerpo. El ejercicio estimula la liberación de endorfinas, que tienen propiedades antiinflamatorias, mientras que el estrés crónico puede aumentar la producción de cortisol, una hormona que promueve la inflamación. En resumen, la inflamación crónica puede tener efectos devastadores en nuestra salud si no se controla a tiempo. Adoptar una dieta y un estilo de vida antiinflamatorio puede ser la clave para prevenir y tratar enfermedades relacionadas con la inflamación, y promover una vida más saludable y plena. ¡Descubre el poder de la alimentación antiinflamatoria y transforma tu salud hoy mismo!

Los signos y síntomas de la inflamación que no puedes ignorar.

La inflamación crónica puede manifestarse de diversas

formas en nuestro cuerpo, y es importante prestar atención a los signos y síntomas que pueden indicar la presencia de esta condición. Algunos de los síntomas más comunes de la inflamación crónica incluyen: 1. Dolor articular: La inflamación en las articulaciones puede causar dolor, rigidez y dificultad para moverse. Si experimentas dolor en las articulaciones de forma constante o recurrente, es posible que estés sufriendo de inflamación crónica. 2. Hinchazón: La inflamación puede causar hinchazón en diferentes partes del cuerpo, especialmente en las articulaciones y los tejidos blandos. Si notas que alguna parte de tu cuerpo está hinchada y sensible al tacto, podría ser un signo de inflamación. 3. Fatiga crónica: La inflamación crónica puede agotar tus reservas de energía y causar fatiga constante. Si te sientes cansado y sin energía la mayor parte del tiempo, es posible que la inflamación esté afectando tu salud. 4. Problemas digestivos: La inflamación en el tracto digestivo puede provocar síntomas como dolor abdominal, hinchazón, estreñimiento o diarrea. Si experimentas problemas digestivos de forma recurrente, es importante investigar si la inflamación podría ser la causa. 5. Problemas de piel: La inflamación crónica puede manifestarse en la piel en forma de erupciones, enrojecimiento, picazón o descamación. Si notas cambios en tu piel que no desaparecen con el tiempo, es recomendable consultar a un especialista. 6. Cambios en el peso: La inflamación crónica puede interferir con el metabolismo y provocar cambios en el peso corporal. Si experimentas cambios inexplicables en tu peso, es posible que la inflamación esté jugando un papel en este proceso. 7. Problemas emocionales: La inflamación crónica puede afectar el equilibrio químico en el cerebro y provocar cambios en el estado de ánimo, como depresión, ansiedad o irritabilidad. Si notas cambios en tu salud mental y emocional, es importante considerar la inflamación como un posible factor contribuyente. Es fundamental prestar atención a estos signos y síntomas de la inflamación crónica y buscar ayuda profesional si es necesario. La inflamación no tratada puede tener consecuencias graves para la salud a largo plazo, por lo que es importante abordar esta condición de manera proactiva. En el siguiente capítulo, exploraremos cómo la alimentación antiinflamatoria puede ayudarte a combatir la inflamación crónica y mejorar tu salud de forma significativa. ¡No te pierdas esta información vital para transformar tu bienestar y vivir una vida más saludable y plena!

Dieta antiinflamatoria: El secreto de la vida saludable antiinflamatoria del cuerpo

En este capítulo, nos adentraremos en el fascinante mundo de la dieta antiinflamatoria, un pilar fundamental para combatir la inflamación crónica y mejorar nuestra salud de forma significativa. La alimentación juega un papel crucial en la regulación de la inflamación en nuestro cuerpo, ya que ciertos alimentos pueden desencadenar una respuesta inflamatoria, mientras que otros tienen propiedades antiinflamatorias que nos ayudan a reducir la inflamación y promover la salud. Identificar los alimentos inflamatorios y antiinflamatorios es el primer paso para crear una dieta deliciosa y nutritiva que combata la inflamación. Los alimentos inflamatorios suelen ser aquellos procesados, ricos en grasas saturadas, azúcares refinados y aditivos químicos. Estos alimentos pueden desencadenar una respuesta inflamatoria en nuestro cuerpo y contribuir al desarrollo de enfermedades crónicas como la artritis, la diabetes o las enfermedades cardiovasculares. Por otro lado, los alimentos antiinflamatorios son aquellos ricos en antioxidantes, vitaminas, minerales y grasas saludables, que ayudan a reducir la inflamación y promover la salud en general. Algunos ejemplos de alimentos antiinflamatorios incluyen frutas y verduras de colores brillantes, pescado azul rico en ácidos grasos omega-3, frutos secos, semillas, legumbres y especias como la cúrcuma, el jengibre o el ajo. Crear una dieta equilibrada que incluya una variedad de alimentos antiinflamatorios es esencial para combatir la inflamación crónica y promover la salud en general. Algunos consejos para seguir una dieta antiinflamatoria son: - Priorizar las frutas y verduras de colores vivos en cada comida. - Incluir pescado azul al menos dos veces por semana. - Consumir grasas saludables como aguacate, aceite de oliva, frutos secos y semillas. - Reducir el consumo de alimentos procesados, azúcares refinados y grasas saturadas. - Incorporar especias antiinflamatorias como la cúrcuma, el jengibre o la canela en tus platos. - Beber suficiente agua y limitar el consumo de alcohol y cafeína. Adoptar hábitos saludables como el ejercicio regular y el manejo del estrés también son fundamentales para reducir la inflamación y promover la salud en general. El ejercicio físico ayuda a reducir la inflamación en el cuerpo, mejorar la circulación sanguínea y fortalecer el sistema inmunológico, mientras que el estrés crónico puede desencadenar una respuesta inflamatoria en el cuerpo y contribuir al desarrollo de enfermedades crónicas. Además de una alimentación antiinflamatoria y hábitos saludables, existen suplementos naturales que pueden potenciar tu salud antiinflamatoria y ayudarte a combatir la inflamación de forma más efectiva. Algunos suplementos antiinflamatorios recomendados incluyen la cúrcuma, el omega-3, la vitamina D, el jengibre o la bromelina, que han demostrado tener propiedades antiinflamatorias y beneficios para la salud en general. Prevenir y tratar enfermedades relacionadas con la inflamación es fundamental para mantener una buena salud a largo plazo. Adoptar un estilo de vida antiinflamatorio que incluya una dieta equilibrada, ejercicio regular, manejo del estrés y suplementos naturales puede ayudarte a combatir la inflamación crónica, prevenir enfermedades crónicas y promover una vida más saludable y plena. "El secreto de la vida saludable antiinflamatoria del cuerpo" es tu guía completa para transformar tu salud y bienestar a través de la alimentación antiinflamatoria y hábitos saludables. Toma el control de tu salud, combate la inflamación crónica y comienza a vivir la vida que siempre has deseado. ¡Descubre el poder de la alimentación antiinflamatoria y transforma tu vida hoy mismo!

Alimentos antiinflamatorios vs. alimentos inflamatorios: Tu guía completa.

En este capítulo, nos adentraremos en el fascinante mundo de la dieta antiinflamatoria, un pilar fundamental para combatir la inflamación crónica y mejorar nuestra salud de forma significativa. La alimentación juega un papel crucial en la regulación de la inflamación en nuestro cuerpo, ya que ciertos alimentos pueden desencadenar una respuesta inflamatoria, mientras que otros tienen propiedades antiinflamatorias que nos ayudan a reducir la inflamación y promover la salud. Identificar los alimentos inflamatorios y antiinflamatorios es el primer paso para crear una dieta deliciosa y nutritiva que combata la inflamación. Los alimentos inflamatorios suelen ser aquellos procesados, ricos en grasas saturadas, azúcares refinados y aditivos químicos. Estos alimentos pueden desencadenar una respuesta inflamatoria en nuestro cuerpo y contribuir al desarrollo de enfermedades crónicas como la artritis, la diabetes o las enfermedades cardiovasculares. Por otro lado, los alimentos antiinflamatorios son aquellos ricos en antioxidantes, vitaminas, minerales y grasas saludables, que ayudan a reducir la inflamación y promover la salud en general. Algunos ejemplos de alimentos antiinflamatorios incluyen frutas y verduras de colores brillantes, pescado azul rico en ácidos grasos omega-3, frutos secos, semillas, legumbres y especias como la cúrcuma, el jengibre o el ajo. Crear una dieta equilibrada que incluya una variedad de alimentos antiinflamatorios es esencial para combatir la inflamación crónica y promover la salud en general. Algunos consejos para seguir una dieta antiinflamatoria son: - Priorizar las frutas y verduras de colores vivos en cada comida. - Incluir pescado azul al menos dos veces por semana. - Consumir grasas saludables como aguacate, aceite de oliva, frutos secos y semillas. - Reducir el consumo de alimentos procesados, azúcares refinados y grasas saturadas. - Incorporar especias antiinflamatorias como la cúrcuma, el jengibre o la canela en tus platos. - Beber suficiente agua y limitar el consumo de alcohol y cafeína. Adoptar hábitos saludables como el ejercicio regular y el manejo del estrés también son fundamentales para reducir la inflamación y promover la salud en general. El ejercicio físico ayuda a reducir la inflamación en el cuerpo, mejorar la circulación sanguínea y fortalecer el sistema inmunológico, mientras que el estrés crónico puede desencadenar una respuesta inflamatoria en el cuerpo y contribuir al desarrollo de enfermedades crónicas. Además de una alimentación antiinflamatoria y hábitos saludables, existen suplementos naturales que pueden potenciar tu salud antiinflamatoria y ayudarte a combatir la inflamación de forma más efectiva. Algunos suplementos antiinflamatorios recomendados incluyen la cúrcuma, el omega-3, la vitamina D, el jengibre o la bromelina, que han demostrado tener propiedades antiinflamatorias y beneficios para la salud en general. Prevenir y tratar enfermedades relacionadas con la inflamación es fundamental para mantener una buena salud a largo plazo. Adoptar un estilo de vida antiinflamatorio que incluya una dieta equilibrada, ejercicio regular, manejo del estrés y suplementos naturales puede ayudarte a combatir la inflamación crónica, prevenir enfermedades crónicas y promover una vida más saludable y plena. "El secreto de la vida saludable antiinflamatoria del cuerpo" es tu guía completa para transformar tu salud y bienestar a través de la alimentación antiinflamatoria y hábitos saludables. Toma el control de tu salud, combate la inflamación crónica y comienza a vivir la vida que siempre has deseado. ¡Descubre el poder de la alimentación antiinflamatoria y transforma tu vida hoy mismo!

Desmitificando la dieta antiinflamatoria: qué comer y qué evitar.

En este capítulo, nos adentraremos en el fascinante mundo de la dieta antiinflamatoria, un pilar fundamental para combatir la inflamación crónica y mejorar nuestra salud de forma significativa. La alimentación juega un papel crucial en la regulación de la inflamación en nuestro cuerpo, ya que ciertos alimentos pueden desencadenar una respuesta inflamatoria, mientras que otros tienen propiedades antiinflamatorias que nos ayudan a reducir la inflamación y promover la salud. Identificar los alimentos inflamatorios y antiinflamatorios es el primer paso para crear una dieta deliciosa y nutritiva que combata la inflamación. Los alimentos inflamatorios suelen ser aquellos procesados, ricos en grasas saturadas, azúcares refinados y aditivos químicos. Estos alimentos pueden desencadenar una respuesta inflamatoria en nuestro cuerpo y contribuir al desarrollo de enfermedades crónicas como la artritis, la diabetes o las enfermedades cardiovasculares. Por otro lado, los alimentos antiinflamatorios son aquellos ricos en antioxidantes, vitaminas, minerales y grasas saludables, que ayudan a reducir la inflamación y promover la salud en general. Algunos ejemplos de alimentos antiinflamatorios incluyen frutas y verduras de colores brillantes, pescado azul rico en ácidos grasos omega-3, frutos secos, semillas, legumbres y especias como la cúrcuma, el jengibre o el ajo. Crear una dieta equilibrada que incluya una variedad de alimentos antiinflamatorios es esencial para combatir la inflamación crónica y promover la salud en general. Algunos consejos para seguir una dieta antiinflamatoria son: - Priorizar las frutas y verduras de colores vivos en cada comida. - Incluir pescado azul al menos dos veces por semana. - Consumir grasas saludables como aguacate, aceite de oliva, frutos secos y semillas. - Reducir el consumo de alimentos procesados, azúcares refinados y grasas saturadas. - Incorporar especias antiinflamatorias como la cúrcuma, el jengibre o la canela en tus platos. - Beber suficiente agua y limitar el consumo de alcohol y cafeína. Adoptar hábitos saludables como el ejercicio regular y el manejo del estrés también son fundamentales para reducir la inflamación y promover la salud en general. El ejercicio físico ayuda a reducir la inflamación en el cuerpo, mejorar la circulación sanguínea y fortalecer el sistema inmunológico, mientras que el estrés crónico puede desencadenar una respuesta inflamatoria en el cuerpo y contribuir al desarrollo de enfermedades crónicas. Además de una alimentación antiinflamatoria y hábitos saludables, existen suplementos naturales que pueden potenciar tu salud antiinflamatoria y ayudarte a combatir la inflamación de forma más efectiva. Algunos suplementos antiinflamatorios recomendados incluyen la cúrcuma, el omega-3, la vitamina D, el jengibre o la bromelina, que han demostrado tener propiedades antiinflamatorias y beneficios para la salud en general. Prevenir y tratar enfermedades relacionadas con la inflamación es fundamental para mantener una buena salud a largo plazo. Adoptar un estilo de vida antiinflamatorio que incluya una dieta equilibrada, ejercicio regular, manejo del estrés y suplementos naturales puede ayudarte a combatir la inflamación crónica, prevenir enfermedades crónicas y promover una vida más saludable y plena. "El secreto de la vida saludable antiinflamatoria del cuerpo" es tu guía completa para transformar tu salud y bienestar a través de la alimentación antiinflamatoria y hábitos saludables. Toma el control de tu salud, combate la inflamación crónica y comienza a vivir la vida que siempre has deseado. ¡Descubre el poder de la alimentación antiinflamatoria y transforma tu vida hoy mismo!

Crea tu lista de compras antiinflamatoria: alimentos esenciales para tu despensa.

Crear tu lista de compras antiinflamatoria es el siguiente paso clave para implementar una dieta saludable y combatir la inflamación en tu cuerpo. Al tener los alimentos adecuados en tu despensa, te resultará más fácil preparar comidas nutritivas y deliciosas que promuevan tu salud y bienestar. Para empezar, es importante priorizar los alimentos antiinflamatorios que te ayudarán a reducir la inflamación en tu cuerpo y a fortalecer tu sistema inmunológico. Algunos de los alimentos esenciales que deberías incluir en tu lista de compras antiinflamatoria son los siguientes: 1. Frutas y verduras de colores brillantes: incluye una variedad de frutas y verduras como arándanos, fresas, espinacas, brócoli, zanahorias y calabazas. Estos alimentos son ricos en antioxidantes y vitaminas que combaten la inflamación y promueven la salud en general. 2. Pescado azul rico en ácidos grasos omega-3: el salmón, la sardina y el atún son excelentes fuentes de ácidos grasos omega-3, que tienen propiedades antiinflamatorias y beneficios para la salud cardiovascular. Asegúrate de incluir pescado azul en tu dieta al menos dos veces por semana. 3. Frutos secos y semillas: almendras, nueces, chía, lino y semillas de calabaza son ricos en grasas saludables, fibra y antioxidantes que ayudan a reducir la inflamación en el cuerpo. Añade frutos secos y semillas a tus ensaladas, yogures o smoothies para potenciar tu salud antiinflamatoria. 4. Legumbres: garbanzos, lentejas, frijoles y guisantes son excelentes fuentes de proteína vegetal, fibra y minerales que ayudan a reducir la inflamación y a regular el azúcar en la sangre. Incluye legumbres en tus comidas principales para mejorar tu salud digestiva y reducir la inflamación en tu cuerpo. 5. Especias antiinflamatorias: la cúrcuma, el jengibre, la canela y el ajo son especias con propiedades antiinflamatorias y antioxidantes que pueden ayudarte a combatir la inflamación en tu cuerpo. Añade estas especias a tus platos para potenciar su sabor y promover tu salud antiinflamatoria. Al crear tu lista de compras antiinflamatoria, recuerda también incluir alimentos frescos y de temporada, evitar los alimentos procesados y ricos en grasas saturadas, y optar por opciones orgánicas y de origen local siempre que sea posible. Al priorizar los alimentos antiinflamatorios en tu despensa, estarás dando un paso importante hacia la transformación de tu salud y bienestar. Recuerda que la alimentación antiinflamatoria es solo una parte de un estilo de vida saludable y equilibrado. Complementa tu dieta con ejercicio regular, manejo del estrés, descanso adecuado y suplementos naturales para potenciar tu salud antiinflamatoria y prevenir enfermedades crónicas. ¡Toma el control de tu salud, crea tu lista de compras antiinflamatoria y comienza a vivir la vida que siempre has deseado! ¡Descubre el poder de la alimentación antiinflamatoria y transforma tu vida hoy mismo!

Recetas deliciosas y fáciles para incorporar alimentos antiinflamatorios a tu dieta.

Ahora que has creado tu lista de compras antiinflamatoria, es hora de poner manos a la obra en la cocina y preparar deliciosas recetas que te ayudarán a combatir la inflamación en tu cuerpo. Incorporar alimentos antiinflamatorios a tu dieta no tiene por qué ser aburrido o complicado, de hecho, puede ser todo lo contrario. A continuación, te comparto algunas recetas fáciles y deliciosas que te ayudarán a disfrutar de los beneficios de una alimentación antiinflamatoria. 1. Ensalada de espinacas, fresas y nueces - Ingredientes: - 2 tazas de espinacas frescas - 1 taza de fresas cortadas en rodajas - 1/4 taza de nueces picadas - 2 cucharadas de vinagre balsámico - 1 cucharada de aceite de oliva - Sal y pimienta al gusto - Preparación: 1. En un tazón grande, mezcla las espinacas, las fresas y las nueces. 2. En un tazón pequeño, mezcla el vinagre balsámico, el aceite de oliva, la sal y la pimienta. 3. Vierte la vinagreta sobre la ensalada y revuelve bien. 4. ¡Disfruta de esta deliciosa ensalada antiinflamatoria como plato principal o acompañamiento! 2. Salmón al horno con limón y hierbas - Ingredientes: - 4 filetes de salmón - 1 limón, cortado en rodajas - 2 cucharadas de aceite de oliva - 1 cucharada de perejil fresco picado - Sal y pimienta al gusto - Preparación: 1. Precalienta el horno a 200°C. 2. Coloca los filetes de salmón en una bandeja para horno y sazona con sal y pimienta. 3. Coloca las rodajas de limón sobre el salmón y espolvorea con perejil fresco. 4. Rocía con aceite de oliva y hornea durante 15-20 minutos o hasta que el salmón esté cocido. 5. ¡Disfruta de este saludable y delicioso plato de salmón antiinflamatorio! 3. Smoothie de bayas y jengibre - Ingredientes: - 1 taza de bayas mixtas (arándanos, fresas, moras) - 1/2 pulgada de jengibre fresco, pelado y picado - 1 taza de leche de almendras - 1 cucharada de miel (opcional) - Preparación: 1. Coloca todos los ingredientes en una licuadora y mezcla hasta obtener una consistencia suave. 2. Prueba y agrega miel si lo deseas. 3. Sirve en un vaso y disfruta de este delicioso smoothie antiinflamatorio cargado de antioxidantes. Estas son solo algunas ideas de recetas antiinflamatorias que puedes incorporar a tu dieta para combatir la inflamación en tu cuerpo. Experimenta con diferentes ingredientes y sabores para encontrar tus combinaciones favoritas. Recuerda que la clave está en disfrutar de una alimentación variada, colorida y nutritiva que te ayude a potenciar tu salud y bienestar. ¡Atrévete a probar nuevas recetas y descubre el poder de la alimentación antiinflamatoria en tu vida!

Azúcar y edulcorantes: La verdad sobre su impacto inflamatorio.

Azúcar y edulcorantes: La verdad sobre su impacto inflamatorio El azúcar y los edulcorantes artificiales son omnipresentes en nuestra dieta moderna, pero ¿sabías que pueden tener un impacto inflamatorio en tu cuerpo? Aunque el azúcar es una fuente de energía rápida, su consumo en exceso puede desencadenar una respuesta inflamatoria en el organismo, lo que a su vez puede contribuir al desarrollo de enfermedades crónicas como la diabetes, la obesidad y las enfermedades cardiovasculares. Los edulcorantes artificiales, por otro lado, se han popularizado como una alternativa baja en calorías al azúcar, pero algunos estudios sugieren que su consumo también puede tener efectos negativos en la salud. Algunos edulcorantes artificiales pueden alterar la composición del microbiota intestinal, lo que a su vez puede desencadenar una respuesta inflamatoria en el cuerpo. Entonces, ¿qué podemos hacer para reducir nuestro consumo de azúcar y edulcorantes y combatir la inflamación en nuestro cuerpo? Aquí te dejo algunas estrategias prácticas que puedes implementar en tu vida diaria: 1. Lee las etiquetas de los alimentos: Muchos productos procesados contienen cantidades significativas de azúcar y edulcorantes artificiales. Aprende a leer las etiquetas de los alimentos y evita aquellos que contienen ingredientes como jarabe de maíz de alta fructosa, sacarosa, aspartamo, sucralosa y otros edulcorantes artificiales. 2. Cocina en casa: Preparar tus propias comidas en casa te permite tener un mayor control sobre los ingredientes que consumes. Utiliza alternativas naturales al azúcar como la miel, el jarabe de arce o el stevia para endulzar tus alimentos y bebidas. 3. Disminuye gradualmente tu consumo de azúcar: Reducir el consumo de azúcar y edulcorantes puede ser un proceso gradual. Empieza por eliminar los refrescos azucarados, los postres procesados y otros alimentos ricos en azúcar de tu dieta y busca alternativas más saludables y nutritivas. 4. Experimenta con sabores naturales: Prueba diferentes hierbas y especias como la canela, la vainilla, el jengibre y el cardamomo para dar sabor a tus comidas y bebidas sin necesidad de añadir azúcar. 5. Opta por alimentos enteros: Los alimentos enteros como frutas, verduras, granos enteros y proteínas magras son naturalmente bajos en azúcar y edulcorantes artificiales. Prioriza estos alimentos en tu dieta para obtener los nutrientes que tu cuerpo necesita sin los efectos negativos del azúcar y los edulcorantes. Al reducir tu consumo de azúcar y edulcorantes, puedes ayudar a prevenir la inflamación crónica en tu cuerpo y proteger tu salud a largo plazo. ¡Empieza hoy mismo a tomar decisiones más conscientes sobre tu alimentación y descubre el poder de una dieta antiinflamatoria para transformar tu vida!

¿Es el azúcar realmente tan malo como dicen? La ciencia detrás del azúcar y la inflamación.

El debate sobre el impacto del azúcar en nuestra salud ha estado presente durante décadas. ¿Es realmente tan malo como dicen? ¿Es responsable de la epidemia de obesidad y enfermedades crónicas que enfrentamos en la actualidad? La ciencia detrás del azúcar y la inflamación nos ofrece algunas respuestas claras. El azúcar, en sus diversas formas, es una fuente de energía rápida para nuestro cuerpo. Sin embargo, cuando se consume en exceso, puede desencadenar una respuesta inflamatoria en nuestro organismo. Esto se debe a que el exceso de azúcar en la sangre puede dañar las células y tejidos, lo que a su vez activa el sistema inmunológico y desencadena una respuesta inflamatoria. La inflamación, en sí misma, es una respuesta natural del cuerpo ante una lesión o infección. Sin embargo, cuando se vuelve crónica, puede contribuir al desarrollo de enfermedades como la diabetes, la obesidad, las enfermedades cardíacas y el cáncer. Por lo tanto, reducir nuestro consumo de azúcar es clave para prevenir la inflamación crónica y proteger nuestra salud a largo plazo. Los edulcorantes artificiales, por otro lado, han sido promocionados como una alternativa saludable al azúcar. Sin embargo, algunos estudios sugieren que su consumo también puede tener efectos negativos en la salud. Algunos edulcorantes artificiales pueden alterar la composición del microbiota intestinal, lo que a su vez puede desencadenar una respuesta inflamatoria en el cuerpo. Entonces, ¿cómo podemos reducir nuestro consumo de azúcar y edulcorantes para combatir la inflamación en nuestro cuerpo? La clave está en adoptar una dieta rica en alimentos antiinflamatorios y baja en azúcar y edulcorantes. Esto significa priorizar alimentos enteros como frutas, verduras, granos enteros, proteínas magras y grasas saludables, y evitar los productos procesados y ricos en azúcar. Además, es importante leer las etiquetas de los alimentos y evitar aquellos que contienen ingredientes como jarabe de maíz de alta fructosa, sacarosa, aspartamo, sucralosa y otros edulcorantes artificiales. Cocinar en casa, experimentar con sabores naturales y disminuir gradualmente nuestro consumo de azúcar también son estrategias efectivas para reducir la inflamación en nuestro cuerpo. En resumen, el azúcar y los edulcorantes artificiales pueden tener un impacto inflamatorio en nuestro cuerpo si se consumen en exceso. Reducir nuestro consumo de azúcar y adoptar una dieta antiinflamatoria rica en alimentos naturales y saludables es clave para prevenir la inflamación crónica y proteger nuestra salud a largo plazo. ¡Empieza hoy mismo a tomar decisiones más conscientes sobre tu alimentación y descubre el poder de una dieta antiinflamatoria para transformar tu vida!

Alternativas saludables al azúcar: endulzando tu vida sin sacrificar el sabor.

Alternativas saludables al azúcar: endulzando tu vida sin sacrificar el sabor después de haber explorado a fondo el impacto del azúcar en nuestra salud y en la inflamación de nuestro cuerpo, es momento de buscar alternativas saludables que nos permitan endulzar nuestra vida sin comprometer nuestra salud. Afortunadamente, existen una amplia variedad de opciones naturales y nutritivas que pueden satisfacer nuestro paladar sin desencadenar una respuesta inflamatoria en nuestro organismo. Una de las alternativas más populares al azúcar refinado es la miel. La miel es un endulzante natural que contiene una gran cantidad de antioxidantes y compuestos antiinflamatorios que pueden beneficiar nuestra salud. Además, la miel tiene un índice glucémico más bajo que el azúcar refinado, lo que significa que no causa picos de azúcar en la sangre y ayuda a mantener niveles estables de energía a lo largo del día. Otra opción saludable es el jarabe de arce puro. El jarabe de arce es una fuente natural de minerales como el manganeso y el zinc, que son importantes para la salud de nuestros huesos y sistema inmunológico. Además, el jarabe de arce tiene un sabor delicioso y se puede utilizar en una amplia variedad de recetas, desde postres hasta aderezos para ensaladas. El azúcar de coco es otra alternativa popular al azúcar refinado. El azúcar de coco se obtiene a partir de la savia de las flores de los cocoteros y contiene una amplia variedad de nutrientes como potasio, hierro y zinc. Además, el azúcar de coco tiene un sabor suave y dulce que combina bien con una gran cantidad de platos y bebidas. Además de estas alternativas naturales, también podemos recurrir a edulcorantes saludables como la stevia y el xilitol. La stevia es un edulcorante natural derivado de la planta de stevia y no tiene calorías ni carbohidratos, lo que la convierte en una excelente opción para personas que buscan reducir su consumo de azúcar. Por su parte, el xilitol es un alcohol de azúcar que se encuentra en frutas y verduras y tiene un sabor similar al azúcar, pero con menos calorías. En resumen, existen muchas alternativas saludables al azúcar que nos permiten endulzar nuestra vida sin comprometer nuestra salud. Al elegir opciones naturales y nutritivas como la miel, el jarabe de arce, el azúcar de coco, la stevia y el xilitol, podemos disfrutar de sabores dulces sin desencadenar una respuesta inflamatoria en nuestro cuerpo. ¡Empieza a experimentar con estas alternativas y descubre cómo puedes endulzar tu vida de forma saludable y deliciosa!

Consejos prácticos para reducir el consumo de azúcar y vivir más saludable.

Ahora que hemos explorado las alternativas saludables al azúcar, es importante hablar sobre cómo podemos reducir nuestro consumo de azúcar en general para mejorar nuestra salud y combatir la inflamación en nuestro cuerpo. El azúcar es uno de los principales culpables de la inflamación crónica en nuestro organismo, por lo que es crucial limitar su consumo para prevenir enfermedades y mejorar nuestra calidad de vida. Una de las formas más efectivas de reducir el consumo de azúcar es leer las etiquetas de los alimentos de forma cuidadosa. Muchos alimentos procesados contienen cantidades sorprendentemente altas de azúcar añadido, incluso aquellos que no consideraríamos como dulces, como salsas, aderezos para ensaladas y alimentos enlatados. Al revisar las etiquetas de los productos que compramos, podemos identificar aquellos que contienen altas cantidades de azúcar y optar por alternativas más saludables. Otra estrategia importante para reducir el consumo de azúcar es cocinar en casa con ingredientes frescos y naturales. Al preparar nuestras propias comidas, tenemos un mayor control sobre la cantidad de azúcar que consumimos y podemos optar por endulzantes naturales en lugar de azúcar refinado. Además, al cocinar en casa, podemos experimentar con nuevas alternativas saludables al azúcar y descubrir sabores deliciosos y nutritivos que benefician nuestra salud. Además, es importante tener en cuenta que el azúcar se encuentra en una amplia variedad de productos, incluso aquellos que no consideramos como dulces. Alimentos como yogur, cereales, barras energéticas y bebidas deportivas pueden contener cantidades significativas de azúcar añadido, por lo que es importante leer las etiquetas de estos productos y optar por versiones sin azúcar o con alternativas saludables al azúcar. Otra estrategia efectiva para reducir el consumo de azúcar es limitar la ingesta de bebidas azucaradas como refrescos, jugos de frutas y bebidas energéticas. Estas bebidas suelen ser una fuente importante de azúcar añadido en nuestra dieta y pueden contribuir significativamente a la inflamación en nuestro cuerpo. Optar por agua, infusiones de hierbas o té sin azúcar es una excelente manera de mantenernos hidratados sin consumir azúcar en exceso. En resumen, reducir el consumo de azúcar es fundamental para mejorar nuestra salud y combatir la inflamación en nuestro cuerpo. Al leer las etiquetas de los alimentos, cocinar en casa con ingredientes frescos, evitar alimentos procesados y limitar las bebidas azucaradas, podemos reducir significativamente nuestra ingesta de azúcar y mejorar nuestra calidad de vida. ¡Empieza a implementar estos consejos prácticos en tu día a día y disfruta de una vida más saludable y equilibrada!

Cereales y harinas refinadas: El enemigo oculto de la inflamación.

En nuestra búsqueda por una vida más saludable y antiinflamatoria, es fundamental hablar sobre el impacto de los cereales y harinas refinadas en nuestra dieta. Estos alimentos, tan comunes en nuestra alimentación diaria, pueden ser el enemigo oculto de la inflamación en nuestro cuerpo, contribuyendo a enfermedades crónicas y problemas de salud. Los cereales y harinas refinadas son productos altamente procesados que han sido despojados de sus nutrientes esenciales durante el proceso de refinamiento. Esto significa que carecen de fibra, vitaminas, minerales y antioxidantes que son fundamentales para mantener nuestro cuerpo sano y en equilibrio. Al consumir estos alimentos, no solo estamos privándonos de nutrientes esenciales, sino que también estamos alimentando la inflamación en nuestro organismo. Uno de los principales problemas de los cereales y harinas refinadas es su alto índice glucémico, lo que significa que elevan rápidamente los niveles de azúcar en sangre. Esto desencadena una respuesta inflamatoria en nuestro cuerpo, aumentando el riesgo de enfermedades como la diabetes, la obesidad, las enfermedades cardíacas y el cáncer. Además, el consumo excesivo de alimentos con alto índice glucémico puede provocar picos de insulina, desregulando nuestro metabolismo y contribuyendo a la resistencia a la insulina. Otro problema de los cereales y harinas refinadas es su contenido de gluten, una proteína que puede desencadenar una respuesta inflamatoria en personas sensibles. El gluten se encuentra en alimentos como el trigo, la cebada y el centeno, y su consumo excesivo puede provocar problemas digestivos, inflamación intestinal y otros síntomas adversos en aquellos que son intolerantes o sensibles a esta proteína. Para combatir la inflamación en nuestro cuerpo y mejorar nuestra salud, es fundamental reducir o eliminar el consumo de cereales y harinas refinadas de nuestra dieta. En su lugar, podemos optar por alternativas más saludables y nutritivas, como cereales integrales, harinas de trigo integral, arroz integral, quinoa, amaranto, entre otros. Estos alimentos contienen fibra, vitaminas, minerales y antioxidantes que son esenciales para combatir la inflamación y mantener nuestro cuerpo en equilibrio. Además, es importante tener en cuenta que la inflamación en nuestro cuerpo no solo está relacionada con lo que comemos, sino también con cómo vivimos. El estrés, la falta de sueño, la falta de ejercicio y otros factores pueden contribuir a la inflamación crónica en nuestro organismo. Por lo tanto, es fundamental adoptar un estilo de vida saludable y equilibrado que incluya una dieta antiinflamatoria, ejercicio regular, manejo del estrés y descanso adecuado para prevenir enfermedades y mejorar nuestra calidad de vida. En conclusión, los cereales y harinas refinadas son el enemigo oculto de la inflamación en nuestro cuerpo. Al reducir o eliminar su consumo de nuestra dieta y optar por alternativas más saludables y nutritivas, podemos combatir la inflamación crónica, prevenir enfermedades y mejorar nuestra salud y bienestar en general. ¡Toma el control de tu alimentación y de tu estilo de vida y comienza a disfrutar de una vida más saludable y antiinflamatoria hoy mismo!

¿Por qué los cereales y harinas refinadas son inflamatorios? La ciencia detrás del gluten y otros componentes.

En nuestra sociedad moderna, los cereales y harinas refinadas se han convertido en alimentos básicos en nuestra dieta diaria. Sin embargo, lo que muchos no saben es que estos alimentos altamente procesados pueden ser el enemigo oculto de la inflamación en nuestro cuerpo. Cuando hablamos de cereales y harinas refinadas, nos referimos a productos como el pan blanco, las pastas blancas, los cereales de desayuno procesados y las galletas comerciales. Estos alimentos han sido sometidos a un proceso de refinamiento en el que se eliminan gran parte de los nutrientes esenciales, como la fibra, las vitaminas, los minerales y los antioxidantes. Como resultado, lo que queda es un producto que carece de valor nutricional y que puede desencadenar una respuesta inflamatoria en nuestro organismo. Uno de los principales problemas de los cereales y harinas refinadas es su alto índice glucémico. Esto significa que, al consumir estos alimentos, nuestros niveles de azúcar en sangre se disparan rápidamente, lo que desencadena una cascada de eventos que contribuyen a la inflamación en nuestro cuerpo. Esta inflamación crónica puede ser la raíz de muchas enfermedades modernas, como la diabetes, la obesidad, las enfermedades cardíacas y el cáncer. Además, muchos de los cereales y harinas refinadas contienen gluten, una proteína que puede desencadenar una respuesta inflamatoria en personas sensibles. El gluten se encuentra en alimentos como el trigo, la cebada y el centeno, y su consumo excesivo puede provocar problemas digestivos, inflamación intestinal y otros síntomas adversos en aquellos que son intolerantes o sensibles a esta proteína. Para combatir la inflamación en nuestro cuerpo y mejorar nuestra salud, es fundamental reducir o eliminar el consumo de cereales y harinas refinadas de nuestra dieta. En su lugar, podemos optar por alternativas más saludables y nutritivas, como cereales integrales, harinas de trigo integral, arroz integral, quinoa, amaranto, entre otros. Estos alimentos contienen fibra, vitaminas, minerales y antioxidantes que son esenciales para combatir la inflamación y mantener nuestro cuerpo en equilibrio. Además de cambiar nuestra alimentación, también es importante adoptar hábitos saludables en nuestra vida diaria. El ejercicio regular, el manejo del estrés y el descanso adecuado son fundamentales para prevenir la inflamación crónica y mejorar nuestra salud en general. Además, existen suplementos naturales que pueden potenciar nuestra salud antiinflamatoria y ayudarnos a prevenir y tratar enfermedades relacionadas con la inflamación. En conclusión, los cereales y harinas refinadas son el enemigo oculto de la inflamación en nuestro cuerpo. Al tomar conciencia de los efectos negativos de estos alimentos en nuestra salud y optar por alternativas más saludables y nutritivas, podemos combatir la inflamación crónica, prevenir enfermedades y mejorar nuestra calidad de vida. ¡Toma el control de tu alimentación y de tu estilo de vida y comienza a disfrutar de una vida más saludable y antiinflamatoria hoy mismo!

Opciones de granos integrales y harinas sin gluten para una dieta más saludable.

En este capítulo, nos adentraremos en el fascinante mundo de los granos integrales y las harinas sin gluten, opciones saludables y deliciosas que pueden transformar tu dieta y mejorar tu salud de manera significativa. Los granos integrales, como el arroz integral, la quinoa, el amaranto, la avena y el trigo integral, son una excelente fuente de fibra, vitaminas, minerales y antioxidantes que pueden ayudarte a combatir la inflamación en tu cuerpo. Estos alimentos no han sido sometidos a un proceso de refinamiento, por lo que conservan todos sus nutrientes esenciales y beneficios para la salud. Al incluir granos integrales en tu dieta, puedes disfrutar de una mayor sensación de saciedad, un mejor control de tus niveles de azúcar en sangre y una reducción del riesgo de enfermedades crónicas como la diabetes, la obesidad y las enfermedades cardíacas. Además, los granos integrales son una excelente fuente de energía sostenida, lo que te mantendrá activo y enérgico a lo largo del día. Por otro lado, las harinas sin gluten son una excelente opción para aquellas personas que son sensibles al gluten o que padecen enfermedades como la enfermedad celíaca. Estas harinas, elaboradas a partir de granos como el maíz, el arroz, la quinoa, el amaranto y el trigo sarraceno, son una alternativa saludable y deliciosa para preparar todo tipo de recetas, desde panes y galletas hasta pasteles y pizzas. Al optar por harinas sin gluten, puedes reducir la inflamación en tu intestino, mejorar la absorción de nutrientes y prevenir síntomas como hinchazón abdominal, fatiga y problemas digestivos. Además, muchas personas experimentan una mejora significativa en su salud general al eliminar el gluten de su dieta, lo que les permite disfrutar de una mayor vitalidad y bienestar. En resumen, los granos integrales y las harinas sin gluten son opciones saludables y deliciosas que pueden transformar tu dieta y mejorar tu salud de manera significativa. Al incluir estos alimentos en tu alimentación diaria, puedes combatir la inflamación en tu cuerpo, prevenir enfermedades crónicas y disfrutar de una vida más saludable y plena. ¡No esperes más para darle a tu cuerpo los nutrientes que necesita y comienza a disfrutar de los beneficios de una dieta antiinflamatoria hoy mismo!

Recetas deliciosas y nutritivas con granos integrales para todos los gustos.

En este capítulo, nos adentraremos en el fascinante mundo de los granos integrales y las harinas sin gluten, opciones saludables y deliciosas que pueden transformar tu dieta y mejorar tu salud de manera significativa. Los granos integrales, como el arroz integral, la quinoa, el amaranto, la avena y el trigo integral, son una excelente fuente de fibra, vitaminas, minerales y antioxidantes que pueden ayudarte a combatir la inflamación en tu cuerpo. Estos alimentos no han sido sometidos a un proceso de refinamiento, por lo que conservan todos sus nutrientes esenciales y beneficios para la salud. Al incluir granos integrales en tu dieta, puedes disfrutar de una mayor sensación de saciedad, un mejor control de tus niveles de azúcar en sangre y una reducción del riesgo de enfermedades crónicas como la diabetes, la obesidad y las enfermedades cardíacas. Además, los granos integrales son una excelente fuente de energía sostenida, lo que te mantendrá activo y enérgico a lo largo del día. Por otro lado, las harinas sin gluten son una excelente opción para aquellas personas que son sensibles al gluten o que padecen enfermedades como la enfermedad celíaca. Estas harinas, elaboradas a partir de granos como el maíz, el arroz, la quinoa, el amaranto y el trigo sarraceno, son una alternativa saludable y deliciosa para preparar todo tipo de recetas, desde panes y galletas hasta pasteles y pizzas. Al optar por harinas sin gluten, puedes reducir la inflamación en tu intestino, mejorar la absorción de nutrientes y prevenir síntomas como hinchazón abdominal, fatiga y problemas digestivos. Además, muchas personas experimentan una mejora significativa en su salud general al eliminar el gluten de su dieta, lo que les permite disfrutar de una mayor vitalidad y bienestar. En resumen, los granos integrales y las harinas sin gluten son opciones saludables y deliciosas que pueden transformar tu dieta y mejorar tu salud de manera significativa. Al incluir estos alimentos en tu alimentación diaria, puedes combatir la inflamación en tu cuerpo, prevenir enfermedades crónicas y disfrutar de una vida más saludable y plena. ¡No esperes más para darle a tu cuerpo los nutrientes que necesita y comienza a disfrutar de los beneficios de una dieta antiinflamatoria hoy mismo!

Grasas saludables vs. grasas inflamatorias: Elige sabiamente para tu salud.

En este capítulo, nos adentraremos en el fascinante mundo de las grasas saludables y las grasas inflamatorias, dos tipos de nutrientes que juegan un papel crucial en nuestra salud y bienestar. A lo largo de las últimas décadas, hemos sido bombardeados con información contradictoria sobre las grasas, lo que ha llevado a una confusión generalizada sobre cuáles son realmente beneficiosas para nuestra salud y cuáles debemos evitar. Las grasas saludables, como las que se encuentran en el aguacate, el aceite de oliva, los frutos secos y las semillas, son esenciales para mantener un cuerpo sano y en equilibrio. Estas grasas son ricas en ácidos grasos omega-

3 y omega-6, que son fundamentales para la salud de nuestro cerebro, corazón, piel y sistema inmunológico. Además, las grasas saludables son una excelente fuente de energía y ayudan a mantenernos saciados por más tiempo, lo que puede ser de gran ayuda para controlar nuestro peso. Por otro lado, las grasas inflamatorias, como las que se encuentran en los alimentos fritos, los productos procesados y las carnes rojas, pueden desencadenar una respuesta inflamatoria en nuestro cuerpo que puede contribuir al desarrollo de enfermedades crónicas como la artritis, la diabetes y las enfermedades cardíacas. Estas grasas son ricas en ácidos grasos trans y grasas saturadas, que pueden aumentar los niveles de colesterol malo en la sangre y provocar daños en nuestras células y tejidos. Es importante ser conscientes de la cantidad y el tipo de grasas que consumimos en nuestra dieta diaria, ya que una alimentación rica en grasas saludables puede tener un impacto positivo en nuestra salud a largo plazo. Al elegir alimentos como el pescado, el aceite de coco, las semillas de chía y el aguacate, podemos mantener a raya la inflamación en nuestro cuerpo y promover una mayor vitalidad y bienestar. Además, es fundamental evitar los alimentos procesados, las comidas rápidas y las grasas trans, que pueden tener efectos negativos en nuestra salud y contribuir al desarrollo de enfermedades crónicas. Al adoptar un enfoque consciente hacia la elección de grasas saludables en nuestra dieta, podemos disfrutar de

una vida más saludable y plena, llena de energía y vitalidad. En resumen, al elegir sabiamente entre grasas saludables y grasas inflamatorias, podemos transformar nuestra salud y bienestar de manera significativa. Al incorporar alimentos ricos en omega-3, omega-6 y ácidos grasos monoinsaturados en nuestra dieta diaria, podemos combatir la inflamación en nuestro cuerpo y prevenir enfermedades crónicas. ¡No esperes más para tomar el control de tu salud y elige sabiamente las grasas que alimentan tu cuerpo y alma!

No todas las grasas son iguales: descubriendo las grasas buenas y las malas.

En este capítulo, nos adentraremos en el fascinante mundo de las grasas saludables y las grasas inflamatorias, dos tipos de nutrientes que juegan un papel crucial en nuestra salud y bienestar. A lo largo de las últimas décadas, hemos sido bombardeados con información contradictoria sobre las grasas, lo que ha llevado a una confusión generalizada sobre cuáles son realmente beneficiosas para nuestra salud y cuáles debemos evitar. Las grasas saludables, como las que se encuentran en el aguacate, el aceite de oliva, los frutos secos y las semillas, son esenciales para mantener un cuerpo sano y en equilibrio. Estas grasas son ricas en ácidos grasos omega-

3 y omega-6, que son fundamentales para la salud de nuestro cerebro, corazón, piel y sistema inmunológico. Además, las grasas saludables son una excelente fuente de energía y ayudan a mantenernos saciados por más tiempo, lo que puede ser de gran ayuda para controlar nuestro peso. Por otro lado, las grasas inflamatorias, como las que se encuentran en los alimentos fritos, los productos procesados y las carnes rojas, pueden desencadenar una respuesta inflamatoria en nuestro cuerpo que puede contribuir al desarrollo de enfermedades crónicas como la artritis, la diabetes y las enfermedades cardíacas. Estas grasas son ricas en ácidos grasos trans y grasas saturadas, que pueden aumentar los niveles de colesterol malo en la sangre y provocar daños en nuestras células y tejidos. Es importante ser conscientes de la cantidad y el tipo de grasas que consumimos en nuestra dieta diaria, ya que una alimentación rica en grasas saludables puede tener un impacto positivo en nuestra salud a largo plazo. Al elegir alimentos como el pescado, el aceite de coco, las semillas de chía y el aguacate, podemos mantener a raya la inflamación en nuestro cuerpo y promover una mayor vitalidad y bienestar. Además, es fundamental evitar los alimentos procesados, las comidas rápidas y las grasas trans, que pueden tener efectos negativos en nuestra salud y contribuir al desarrollo de enfermedades crónicas. Al adoptar un enfoque consciente hacia la elección de grasas saludables en nuestra dieta, podemos disfrutar de

una vida más saludable y plena, llena de energía y vitalidad. En resumen, al elegir sabiamente entre grasas saludables y grasas inflamatorias, podemos transformar nuestra salud y bienestar de manera significativa. Al incorporar alimentos ricos en omega-3, omega-6 y ácidos grasos monoinsaturados en nuestra dieta diaria, podemos combatir la inflamación en nuestro cuerpo y prevenir enfermedades crónicas. ¡No esperes más para tomar el control de tu salud y elige sabiamente las grasas que alimentan tu cuerpo y alma!


Las grasas saludables que tu cuerpo necesita para combatir la inflamación.


En este capítulo, profundizaremos en el tema de las grasas saludables que tu cuerpo necesita para combatir la inflamación. Como mencionamos anteriormente, no todas las grasas son iguales, y es crucial entender la diferencia entre las grasas buenas y las malas para mantener un cuerpo sano y en equilibrio. Las grasas saludables, como el aguacate, el aceite de oliva, los frutos secos y las semillas, son una parte esencial de una dieta antiinflamatoria. Estas grasas son ricas en ácidos grasos omega-3 y omega-6, que son fundamentales para la salud de nuestro cerebro, corazón, piel y sistema inmunológico. Además, las grasas saludables son una excelente fuente de energía y nos ayudan a sentirnos saciados por más tiempo, lo que puede ser beneficioso para controlar nuestro peso. Por otro lado, las grasas inflamatorias, presentes en alimentos fritos, productos procesados y carnes rojas, pueden desencadenar una respuesta inflamatoria en nuestro cuerpo que contribuye al desarrollo de enfermedades crónicas. Estas grasas son ricas en ácidos grasos trans y grasas saturadas, que pueden aumentar los niveles de colesterol malo en la sangre y causar daños en nuestras células y tejidos. Es importante incluir grasas saludables en nuestra dieta diaria, como el pescado, el aceite de coco, las semillas de chía y el aguacate, para mantener a raya la inflamación en nuestro cuerpo y promover una mayor vitalidad y bienestar. Al mismo tiempo, debemos evitar los alimentos procesados, las comidas rápidas y las grasas trans, que pueden tener efectos negativos en nuestra salud y contribuir al desarrollo de enfermedades crónicas. Al adoptar un enfoque consciente hacia la elección de grasas saludables, podemos disfrutar de una vida más saludable y plena, llena de energía y vitalidad. Incorporar alimentos ricos en ácidos grasos esenciales en nuestra dieta diaria nos permite combatir la inflamación en nuestro cuerpo y prevenir enfermedades crónicas. No esperes más para tomar el control de tu salud y elige sabiamente las grasas que alimentan tu cuerpo y alma.

En resumen, las grasas saludables son una parte fundamental de una dieta antiinflamatoria. Al elegir sabiamente entre grasas saludables y grasas inflamatorias, podemos transformar nuestra salud y bienestar de manera significativa. ¡No esperes más para empezar a cuidar tu cuerpo desde adentro hacia afuera y disfrutar de una vida plena y saludable!

Cómo incorporar grasas saludables a tu dieta de manera deliciosa y equilibrada.

En este capítulo, profundizaremos en el tema de las grasas saludables que tu cuerpo necesita para combatir la inflamación. Como mencionamos anteriormente, no todas las grasas son iguales, y es crucial entender la diferencia entre las grasas buenas y las malas para mantener un cuerpo sano y en equilibrio. Las grasas saludables son esenciales para la salud de nuestro cerebro, corazón, piel y sistema inmunológico. Además, son una excelente fuente de energía y nos ayudan a sentirnos satisfechos por más tiempo, lo que puede ser beneficioso para controlar nuestro peso. Por otro lado, las grasas inflamatorias pueden desencadenar una respuesta inflamatoria en nuestro cuerpo que contribuye al desarrollo de enfermedades crónicas. Para incorporar grasas saludables a tu dieta de manera deliciosa y equilibrada, es importante tener en cuenta las siguientes recomendaciones: 1. Aguacate: El aguacate es una excelente fuente de grasas saludables, especialmente ácidos grasos monoinsaturados. Puedes disfrutarlo en ensaladas, salsas, guacamole o simplemente como snack. 2. Aceite de oliva: El aceite de oliva virgen extra es rico en antioxidantes y ácidos grasos monoinsaturados. Úsalo en aderezos, para cocinar o como dip para pan. 3. Frutos secos: Los frutos secos como nueces, almendras, avellanas y pistachos son ricos en ácidos grasos omega-3 y omega-6. Puedes añadirlos a tus ensaladas, yogures o comerlos como tentempié. 4. Semillas: Las semillas de chía, lino, calabaza y girasol son una excelente fuente de ácidos grasos omega-3, fibra y proteínas. Puedes espolvorearlas en tus batidos, cereales o ensaladas. 5. Pescado: El pescado graso como el salmón, la caballa y el atún son ricos en ácidos grasos omega-3, fundamentales para combatir la inflamación. Inclúyelos en tus comidas al menos dos veces por semana. Al incorporar estas grasas saludables a tu dieta de manera equilibrada y variada, estarás proporcionando a tu cuerpo los nutrientes necesarios para combatir la inflamación y promover una mayor vitalidad y bienestar. Además, recuerda mantener un estilo de vida saludable que incluya ejercicio regular, manejo del estrés y la incorporación de suplementos naturales que potencien tu salud antiinflamatoria. En definitiva, al adoptar una dieta rica en grasas saludables, podrás prevenir y tratar enfermedades relacionadas con la inflamación, mantener un peso saludable y disfrutar de una vida más plena y saludable. No esperes más para tomar el control de tu salud y comenzar a disfrutar de los beneficios de una alimentación antiinflamatoria. ¡Tu cuerpo y tu mente te lo agradecerán!


Estilo de vida antiinflamatorio:

En este capítulo, profundizaremos en el tema del estilo de vida antiinflamatorio y cómo puedes transformar tu salud y bienestar adoptando hábitos saludables que combatan la inflamación crónica, la raíz de muchas enfermedades modernas. Para empezar, es fundamental identificar los alimentos inflamatorios y antiinflamatorios. Los alimentos procesados, ricos en azúcares refinados, grasas saturadas y aditivos artificiales, son los principales promotores de la inflamación en nuestro cuerpo. Por otro lado, los alimentos naturales, frescos y ricos en antioxidantes, grasas saludables y nutrientes esenciales son clave para combatir la inflamación y promover la salud. Una dieta antiinflamatoria se basa en alimentos como frutas y verduras frescas, legumbres, granos enteros, pescado, frutos secos y semillas, que son ricos en antioxidantes, vitaminas, minerales y ácidos grasos omega-3, fundamentales para reducir la inflamación y fortalecer nuestro sistema inmunológico. Además de una alimentación saludable, es importante incorporar hábitos de vida que fomenten la salud y el bienestar. El ejercicio regular es fundamental para reducir la inflamación, mejorar la circulación sanguínea, fortalecer los músculos y mantener un peso saludable. La práctica de actividades como el yoga, la meditación y la respiración consciente también son excelentes herramientas para reducir el estrés y promover la relajación del cuerpo y la mente. El manejo del estrés es otro aspecto clave en un estilo de vida antiinflamatorio. El estrés crónico puede desencadenar una respuesta inflamatoria en nuestro cuerpo, que a su vez puede contribuir al desarrollo de enfermedades crónicas como la diabetes, la obesidad, las enfermedades cardiovasculares y el cáncer. Por ello, es importante encontrar formas saludables de gestionar el estrés, como la práctica de la atención plena, la conexión con la naturaleza, el tiempo de calidad con seres queridos y la búsqueda de actividades que nos apasionen y nos hagan sentir bien. Además de una dieta saludable y hábitos de vida equilibrados, existen suplementos naturales que pueden potenciar nuestra salud antiinflamatoria. El aceite de pescado, la cúrcuma, el jengibre, la vitamina D y el magnesio son solo algunos ejemplos de suplementos que pueden ayudarnos a reducir la inflamación y fortalecer nuestro sistema inmunológico. En resumen, adoptar un estilo de vida antiinflamatorio es clave para prevenir y tratar enfermedades relacionadas con la inflamación, promover un peso saludable, aumentar nuestra vitalidad y bienestar, y disfrutar de una vida más plena y saludable. Toma el control de tu salud, incorpora alimentos y hábitos saludables a tu vida diaria, y comienza a experimentar los beneficios de una vida antiinflamatoria. ¡Tu cuerpo y tu mente te lo agradecerán!


Ejercicio regular: Tu arma secreta contra la inflamación.

El ejercicio regular es tu arma secreta contra la inflamación. Mantener un estilo de vida activo y realizar actividad física de forma regular es fundamental para reducir la inflamación en el cuerpo, fortalecer el sistema inmunológico, mejorar la circulación sanguínea y promover la salud en general. Cuando realizamos ejercicio, nuestro cuerpo libera endorfinas, conocidas como las hormonas de la felicidad, que nos hacen sentir bien y reducen el estrés. Además, el ejercicio ayuda a reducir la producción de citocinas inflamatorias, que son moléculas del sistema inmune que pueden provocar inflamación crónica si se encuentran en niveles elevados en el cuerpo. La actividad física regular también ayuda a mantener un peso saludable, lo que a su vez reduce la carga sobre las articulaciones y disminuye la inflamación en el cuerpo. El ejercicio aeróbico, como correr, nadar o montar en bicicleta, es especialmente efectivo para reducir la inflamación y mejorar la salud cardiovascular. Además, el entrenamiento de fuerza, como levantar pesas o hacer ejercicios de resistencia, ayuda a fortalecer los músculos, mejorar la densidad ósea y mantener un metabolismo activo, lo que contribuye a reducir la inflamación crónica y prevenir enfermedades como la osteoporosis. Incorporar el ejercicio regular a tu rutina diaria no solo te ayudará a combatir la inflamación, sino que también te hará sentir más energizado, feliz y saludable en general. Empieza por encontrar una actividad física que disfrutes y que se adapte a tus gustos y necesidades, como caminar, bailar, hacer yoga o practicar deportes en equipo. Recuerda que la clave está en la constancia y la regularidad. Intenta realizar al menos 30 minutos de ejercicio moderado la mayoría de los días de la semana y combina diferentes tipos de actividad física para obtener los máximos beneficios para tu salud antiinflamatoria. En resumen, el ejercicio regular es una de las armas más poderosas que tienes para combatir la inflamación y promover una vida más saludable y plena. Aprovecha sus beneficios, haz del ejercicio una parte integral de tu estilo de vida antiinflamatorio y disfruta de los resultados en tu cuerpo y en tu mente. ¡Tu salud te lo agradecerá!

La importancia del movimiento físico para combatir la inflamación crónica.

El movimiento físico es esencial para combatir la inflamación crónica en el cuerpo. Cuando nos mantenemos activos y realizamos ejercicio de forma regular, estamos fortaleciendo nuestro sistema inmunológico, mejorando la circulación sanguínea y reduciendo la producción de citocinas inflamatorias. Pero, ¿por qué es tan importante el ejercicio en la lucha contra la inflamación? El ejercicio aeróbico, como correr, nadar o montar en bicicleta, es especialmente efectivo para reducir la inflamación y mejorar la salud cardiovascular. Al aumentar la frecuencia cardíaca y respiratoria, se estimula la liberación de endorfinas, las hormonas de la felicidad, que nos hacen sentir bien y reducen el estrés. Además, el ejercicio aeróbico ayuda a mantener un peso saludable, lo que a su vez disminuye la carga sobre las articulaciones y reduce la inflamación en el cuerpo. Por otro lado, el entrenamiento de fuerza, como levantar pesas o hacer ejercicios de resistencia, es fundamental para fortalecer los músculos, mejorar la densidad ósea y mantener un metabolismo activo. Esto contribuye a reducir la inflamación crónica y prevenir enfermedades como la osteoporosis. El ejercicio de fuerza también ayuda a mantener un equilibrio hormonal adecuado, lo que tiene un impacto positivo en la inflamación en el cuerpo. Además de los beneficios físicos, el ejercicio regular también tiene un impacto positivo en nuestra salud mental. Al liberar endorfinas y reducir el estrés, el ejercicio nos ayuda a mantener una actitud positiva y afrontar los desafíos diarios con mayor claridad y energía. Esto es crucial, ya que el estrés crónico puede aumentar la producción de citocinas inflamatorias y empeorar la inflamación en el cuerpo. Por tanto, incorporar el ejercicio regular a nuestra rutina diaria es fundamental para combatir la inflamación crónica y promover una vida más saludable. Ya sea a través de actividades aeróbicas, de fuerza, flexibilidad o equilibrio, es importante encontrar una actividad física que nos guste y nos motive a mantenernos activos. La clave está en la constancia y la regularidad, por lo que es importante establecer metas realistas y mantenernos comprometidos con nuestro bienestar físico y emocional. En resumen, el movimiento físico es una herramienta poderosa en la lucha contra la inflamación crónica. Aprovechemos sus beneficios para mantenernos activos, saludables y felices, y así mejorar nuestra calidad de vida a largo plazo. ¡Tu cuerpo te lo agradecerá!

Encuentra el tipo de ejercicio que te apasiona y se adapta a tu estilo de vida.

En el camino hacia una vida saludable y antiinflamatoria, el ejercicio juega un papel fundamental. Sin embargo, encontrar el tipo de actividad física que nos apasiona y se adapta a nuestro estilo de vida puede ser todo un desafío. Es por eso que en este capítulo exploraremos diferentes opciones de ejercicio y cómo cada una puede contribuir a combatir la inflamación crónica en el cuerpo. El primer paso para encontrar el tipo de ejercicio adecuado es identificar nuestras preferencias y necesidades. Algunas personas disfrutan de la intensidad y el dinamismo de un entrenamiento de alta intensidad, como el crossfit o el entrenamiento en circuito. Otros prefieren la calma y la serenidad de actividades más suaves, como el yoga o el tai chi. Sea cual sea tu preferencia, es importante elegir una actividad que te motive y te haga sentir bien. Para aquellos que buscan mejorar su salud cardiovascular y reducir la inflamación en el cuerpo, el ejercicio aeróbico es una excelente opción. Actividades como correr, nadar, montar en bicicleta o bailar son ideales para aumentar la frecuencia cardíaca y estimular la liberación de endorfinas. Además, el ejercicio aeróbico ayuda a mantener un peso saludable, lo que a su vez reduce la carga sobre las articulaciones y disminuye la inflamación en el cuerpo. Por otro lado, el entrenamiento de fuerza es fundamental para fortalecer los músculos, mejorar la densidad ósea y mantener un metabolismo activo. Levantar pesas, hacer ejercicios de resistencia o practicar pilates son excelentes opciones para construir masa muscular y prevenir la pérdida de tejido magro, especialmente a medida que envejecemos. El ejercicio de fuerza también contribuye a mantener un equilibrio hormonal adecuado, lo que tiene un impacto positivo en la inflamación en el cuerpo. Además de los beneficios físicos, el ejercicio regular también tiene un impacto positivo en nuestra salud mental. Al liberar endorfinas y reducir el estrés, el ejercicio nos ayuda a mantener una actitud positiva y afrontar los desafíos diarios con mayor claridad y energía. Esto es crucial, ya que el estrés crónico puede aumentar la producción de citocinas inflamatorias y empeorar la inflamación en el cuerpo. En resumen, encontrar el tipo de ejercicio que nos apasiona y se adapta a nuestro estilo de vida es esencial para mantenernos activos, saludables y felices. Ya sea a través de actividades aeróbicas, de fuerza, flexibilidad o equilibrio, es importante elegir una actividad física que nos motive y nos haga sentir bien. La clave está en la constancia y la regularidad, por lo que es importante establecer metas realistas y mantenernos comprometidos con nuestro bienestar físico y emocional. En este capítulo hemos explorado diferentes opciones de ejercicio y cómo cada una puede contribuir a combatir la inflamación crónica en el cuerpo. Ahora es tu turno de encontrar la actividad física que te apasiona y te motiva a mantenerte activo. ¡Tu cuerpo te lo agradecerá!

Consejos prácticos para incorporar actividad física a tu rutina diaria.

En este capítulo, nos adentraremos en la importancia de incorporar la actividad física a nuestra rutina diaria para mantener un estilo de vida antiinflamatorio y saludable. Encontrar el tipo de ejercicio que nos apasiona y se adapta a nuestro estilo de vida es fundamental para combatir la inflamación crónica en el cuerpo. Una de las opciones más populares y efectivas para mantenernos activos es el ejercicio aeróbico. Actividades como correr, nadar, montar en bicicleta o bailar no solo aumentan la frecuencia cardíaca y estimulan la liberación de endorfinas, sino que también ayudan a mantener un peso saludable y reducir la carga sobre las articulaciones. El ejercicio aeróbico es una poderosa herramienta para combatir la inflamación en el cuerpo y mejorar la salud cardiovascular. Por otro lado, el entrenamiento de fuerza es esencial para fortalecer los músculos, mejorar la densidad ósea y mantener un metabolismo activo. Levantar pesas, hacer ejercicios de resistencia o practicar pilates son excelentes opciones para construir masa muscular y prevenir la pérdida de tejido magro. El ejercicio de fuerza también contribuye a mantener un equilibrio hormonal adecuado, lo que tiene un impacto positivo en la inflamación en el cuerpo. Además de los beneficios físicos, el ejercicio regular también tiene un impacto positivo en nuestra salud mental. Al liberar endorfinas y reducir el estrés, el ejercicio nos ayuda a mantener una actitud positiva y afrontar los desafíos diarios con mayor claridad y energía. La conexión mente-cuerpo que se logra a través del ejercicio es fundamental para mantenernos en equilibrio y combatir la inflamación en el cuerpo. Para incorporar la actividad física a nuestra rutina diaria, es importante establecer metas realistas y mantenernos comprometidos con nuestro bienestar físico y emocional. Ya sea a través de actividades aeróbicas, de fuerza, flexibilidad o equilibrio, es fundamental elegir una actividad que nos motive y nos haga sentir bien. La clave está en la constancia y la regularidad, por lo que es importante encontrar un equilibrio que se adapte a nuestro estilo de vida y nos permita mantenernos activos de forma sostenible. En definitiva, el ejercicio es una pieza fundamental en el rompecabezas de la salud antiinflamatoria. Al encontrar el tipo de actividad física que nos apasiona y se adapta a nuestro estilo de vida, estaremos dando un paso importante hacia una vida más saludable, más larga y más plena. ¡Tu cuerpo te lo agradecerá!


Estrés: El enemigo silencioso que alimenta la inflamación.

El estrés es un enemigo silencioso que puede alimentar la inflamación en nuestro cuerpo de manera significativa. En la sociedad actual, estamos constantemente expuestos a situaciones estresantes que pueden desencadenar una respuesta inflamatoria en nuestro organismo. El estrés crónico puede tener un impacto negativo en nuestra salud y bienestar, ya que puede desencadenar una cascada de reacciones inflamatorias que afectan a diferentes sistemas y órganos de nuestro cuerpo. Cuando experimentamos estrés, nuestro cuerpo libera hormonas como el cortisol y la adrenalina, que son responsables de activar una respuesta de lucha o huida para hacer frente a la situación estresante. Sin embargo, si el estrés se prolonga en el tiempo, estas hormonas pueden desencadenar una respuesta inflamatoria crónica que puede contribuir al desarrollo de enfermedades como la obesidad, la diabetes, las enfermedades cardiovasculares y muchas otras condiciones crónicas. Una de las formas más efectivas de combatir el estrés y la inflamación en el cuerpo es a través de la alimentación antiinflamatoria. Consumir alimentos ricos en antioxidantes, ácidos grasos omega-3, fibra y nutrientes esenciales puede ayudar a reducir la inflamación en el organismo y promover la salud celular. Algunos alimentos antiinflamatorios que pueden ser beneficiosos en la lucha contra el estrés incluyen las frutas y verduras de colores brillantes, los frutos secos y semillas, el pescado azul, el aceite de oliva virgen extra y las hierbas y especias como el jengibre, la cúrcuma y el ajo. Además de una alimentación saludable, es importante incorporar hábitos de vida saludables para reducir el estrés y promover la relajación. La práctica regular de técnicas de relajación como la meditación, el yoga, la respiración profunda y el mindfulness puede ayudar a reducir los niveles de cortisol y promover la calma y el equilibrio emocional. El ejercicio regular también es una herramienta poderosa para combatir el estrés, ya que puede liberar endorfinas y mejorar el estado de ánimo. En resumen, el estrés es un factor importante que puede alimentar la inflamación en nuestro cuerpo y contribuir al desarrollo de enfermedades crónicas. Adoptar un estilo de vida antiinflamatorio que incluya una alimentación saludable, la práctica de técnicas de relajación y el ejercicio regular puede ser clave para combatir el estrés y promover la salud y el bienestar a largo plazo. ¡Descubre el poder de la alimentación antiinflamatoria para transformar tu salud y alcanzar tu peso ideal!

Cómo el estrés crónico afecta tu cuerpo y aumenta la inflamación.

El estrés crónico es uno de los principales factores que pueden desencadenar la inflamación en nuestro cuerpo y afectar nuestra salud de manera significativa. Cuando estamos sometidos a situaciones estresantes de forma constante, nuestro organismo libera hormonas como el cortisol y la adrenalina, que activan una respuesta de lucha o huida para hacer frente a la situación. Sin embargo, si este estrés se prolonga en el tiempo, estas hormonas pueden desencadenar una respuesta inflamatoria crónica que puede contribuir al desarrollo de enfermedades crónicas. El estrés crónico puede afectar a diferentes sistemas y órganos de nuestro cuerpo, generando una serie de problemas de salud que van desde el aumento de peso hasta el desarrollo de enfermedades cardiovasculares. Por eso es crucial aprender a manejar el estrés de manera efectiva para prevenir la inflamación crónica y promover nuestra salud y bienestar. Una de las formas más efectivas de combatir el estrés crónico es a través de la alimentación antiinflamatoria. Consumir alimentos ricos en antioxidantes, ácidos grasos omega-3, fibra y nutrientes esenciales puede ayudar a reducir la inflamación en nuestro organismo y promover la salud celular. Algunos alimentos antiinflamatorios que pueden ser beneficiosos en la lucha contra el estrés incluyen las frutas y verduras de colores brillantes, los frutos secos y semillas, el pescado azul, el aceite de oliva virgen extra y las hierbas y especias como el jengibre, la cúrcuma y el ajo. Además de una alimentación saludable, es importante incorporar hábitos de vida saludables para reducir el estrés y promover la relajación. La práctica regular de técnicas de relajación como la meditación, el yoga, la respiración profunda y el mindfulness puede ayudar a reducir los niveles de cortisol y promover la calma y el equilibrio emocional. El ejercicio regular también es fundamental para combatir el estrés, ya que puede liberar endorfinas y mejorar nuestro estado de ánimo. En resumen, el estrés crónico puede tener un impacto negativo en nuestra salud y bienestar, alimentando la inflamación en nuestro cuerpo y contribuyendo al desarrollo de enfermedades crónicas. Adoptar un estilo de vida antiinflamatorio que incluya una alimentación saludable, técnicas de relajación y ejercicio regular puede ser clave para combatir el estrés y promover nuestra salud a largo plazo. ¡Descubre el poder de la alimentación antiinflamatoria para transformar tu salud y alcanzar tu peso ideal!

Técnicas de relajación y manejo del estrés para una vida más tranquila.

El estrés es una de las principales causas de inflamación en nuestro cuerpo, por lo que aprender a manejarlo de manera efectiva es fundamental para promover nuestra salud y bienestar. En este capítulo, te guiaré a través de diferentes técnicas de relajación y manejo del estrés que te ayudarán a vivir una vida más tranquila y equilibrada. Una de las técnicas más efectivas para reducir el estrés y promover la relajación es la meditación. La meditación consiste en enfocar la mente en un objeto, pensamiento o actividad específica para calmar la mente y reducir los niveles de estrés. Puedes practicar la meditación de diferentes formas, ya sea sentado en silencio, caminando de manera consciente o incluso practicando la meditación en movimiento a través de actividades como el yoga o tai chi. La meditación regular puede ayudarte a reducir la ansiedad, mejorar tu concentración y promover la calma interior. Otra técnica efectiva para combatir el estrés es la respiración profunda. La respiración profunda consiste en inhalar lentamente por la nariz, llenando los pulmones de aire, y exhalar lentamente por la boca, liberando el aire de manera controlada. Esta técnica ayuda a relajar el cuerpo y la mente, reduciendo los niveles de cortisol y promoviendo la relajación. Puedes practicar la respiración profunda en cualquier momento y lugar, ya sea en casa, en el trabajo o incluso en medio de una situación estresante. El yoga es otra herramienta poderosa para combatir el estrés y promover la relajación. El yoga combina posturas físicas, técnicas de respiración y meditación para promover el equilibrio entre el cuerpo y la mente. La práctica regular de yoga puede ayudarte a aumentar la flexibilidad, fortalecer los músculos y promover la relajación profunda. Además, el yoga puede ayudarte a reducir la ansiedad, mejorar tu estado de ánimo y promover la conexión con tu ser interior. El mindfulness es otra técnica efectiva para manejar el estrés y promover la relajación. El mindfulness consiste en prestar atención plena al momento presente, sin juzgar ni reaccionar ante las experiencias que surgen en nuestra mente. Practicar el mindfulness puede ayudarte a reducir la rumiación mental, aumentar la conciencia de tus pensamientos y emociones, y promover la calma interior. Puedes practicar el mindfulness en cualquier momento y lugar, ya sea a través de la meditación, la respiración consciente o simplemente prestando atención a tus sensaciones y emociones en el momento presente. En resumen, aprender a manejar el estrés de manera efectiva es fundamental para promover nuestra salud y bienestar. A través de técnicas de relajación como la meditación, la respiración profunda, el yoga y el mindfulness, puedes reducir los niveles de estrés, promover la relajación y vivir una vida más tranquila y equilibrada. ¡Descubre el poder de estas técnicas para transformar tu vida y alcanzar un estado de bienestar óptimo!

Crea un ambiente favorable para el descanso y la recuperación en tu hogar.

Después de aprender a manejar el estrés y promover la relajación en tu vida diaria, es importante crear un ambiente en tu hogar que te ayude a descansar y recuperarte de las tensiones del día a día. Un espacio tranquilo y acogedor puede ser clave para mejorar la calidad de tu sueño, reducir la inflamación en tu cuerpo y promover tu bienestar general. En este capítulo, exploraremos diferentes formas de crear un ambiente favorable para el descanso y la recuperación en tu hogar. Uno de los aspectos más importantes para un buen descanso es el dormitorio. Asegúrate de que tu habitación esté libre de distracciones y desorden, y que sea un espacio tranquilo y relajante. Opta por colores suaves y relajantes en las paredes, ropa de cama cómoda y suave, y una temperatura agradable para dormir. Considera la posibilidad de usar aromaterapia con aceites esenciales como lavanda o manzanilla para promover la relajación y el sueño reparador. Otro aspecto a tener en cuenta es la iluminación. Para promover un buen descanso, es importante mantener un ambiente oscuro en tu dormitorio durante la noche. Evita la luz brillante de dispositivos electrónicos como teléfonos móviles o tabletas antes de acostarte, ya que puede interferir con la producción de melatonina, la hormona del sueño. Considera la posibilidad de instalar cortinas opacas o usar una máscara para dormir si la luz externa te molesta durante la noche. Además, es importante crear una rutina de relajación antes de acostarte para preparar tu cuerpo y tu mente para el sueño. Puedes practicar técnicas de respiración profunda, meditación o estiramientos suaves para relajar tu cuerpo y calmar tu mente. Evita el consumo de cafeína, alcohol o comidas pesadas antes de acostarte, ya que pueden interferir con tu capacidad para conciliar el sueño y tener un descanso reparador. Por último, asegúrate de que tu colchón y almohadas sean cómodos y adecuados para tu postura al dormir. Un colchón de buena calidad y almohadas que apoyen adecuadamente tu cuello y espalda pueden marcar la diferencia en la calidad de tu sueño y en tu capacidad para recuperarte durante la noche. Considera la posibilidad de invertir en un colchón ortopédico o ajustable si tienes problemas de espalda o cuello, y reemplaza tus almohadas regularmente para mantener su firmeza y soporte. En resumen, crear un ambiente favorable para el descanso y la recuperación en tu hogar es fundamental para promover tu salud y bienestar. Asegúrate de que tu dormitorio sea un espacio tranquilo y relajante, con una iluminación adecuada, una rutina de relajación antes de acostarte y un colchón y almohadas cómodos. Al priorizar tu descanso y recuperación, estarás apoyando la salud de tu cuerpo, reduciendo la inflamación y promoviendo un estilo de vida antiinflamatorio. ¡Transforma tu hogar en un santuario de descanso y bienestar y disfruta de los beneficios de un sueño reparador!

## Sueño reparador: La clave para una salud antiinflamatoria.

El sueño reparador es fundamental para mantener una salud óptima y prevenir la inflamación crónica en el cuerpo. Durante el sueño, nuestro cuerpo se encarga de reparar los tejidos dañados, fortalecer el sistema inmunológico y regular los niveles de hormonas clave para la salud. Sin un sueño adecuado, nuestro cuerpo no puede cumplir con estas funciones vitales, lo que puede conducir a un aumento de la inflamación y al desarrollo de enfermedades crónicas. Para lograr un sueño reparador y promover una salud antiinflamatoria, es importante seguir algunas recomendaciones clave: 1. Establece una rutina de sueño: Mantener un horario regular para acostarte y levantarte ayuda a regular tu reloj biológico y mejorar la calidad de tu sueño. Intenta acostarte y levantarte a la misma hora todos los días, incluso los fines de semana, para establecer un patrón de sueño saludable. 2. Crea un ambiente propicio para el sueño: Al igual que en el capítulo anterior, es importante crear un ambiente tranquilo y relajante en tu dormitorio para favorecer el descanso reparador. Mantén la habitación oscura, fresca y libre de ruidos y distracciones que puedan interferir con tu sueño. 3. Evita la cafeína y el alcohol antes de acostarte: Estas sustancias pueden alterar tu sueño y dificultar la conciliación del mismo. Intenta limitar su consumo por lo menos unas horas antes de irte a dormir para garantizar un sueño reparador. 4. Practica la relajación antes de acostarte: Realizar actividades relajantes como meditación, respiración profunda o estiramientos suaves antes de acostarte puede ayudar a calmar tu mente y preparar tu cuerpo para el sueño. Evita el uso de dispositivos electrónicos que emiten luz azul, ya que pueden interferir con la producción de melatonina. 5. Mantén una dieta saludable y equilibrada: La alimentación juega un papel fundamental en la calidad de nuestro sueño. Intenta consumir alimentos antiinflamatorios como frutas, verduras, granos enteros, pescado y frutos secos, y evita los alimentos procesados, ricos en azúcares y grasas saturadas que pueden aumentar la inflamación en el cuerpo. 6. Realiza actividad física regularmente: El ejercicio regular puede ayudarte a conciliar el sueño más fácilmente y mejorar la calidad de tu descanso. Intenta realizar actividades físicas moderadas como caminar, nadar o hacer yoga durante el día para promover un sueño reparador por la noche. 7. Consulta a un profesional de la salud si tienes problemas para dormir: Si experimentas dificultades para conciliar el sueño o mantenerlo durante la noche, es importante buscar ayuda de un médico especialista en sueño para identificar y tratar posibles trastornos del sueño que pueden estar afectando tu salud. En resumen, el sueño reparador es la clave para una salud antiinflamatoria. Al seguir estas recomendaciones y priorizar tu descanso, estarás apoyando la salud de tu cuerpo, reduciendo la inflamación y promoviendo un estilo de vida saludable y equilibrado. ¡Dale la importancia que merece a tu descanso y disfruta de los beneficios de un sueño reparador para transformar tu salud y bienestar!

La importancia del sueño de calidad para combatir la inflamación y fortalecer tu sistema inmunológico.

El sueño es una parte fundamental de nuestra salud y bienestar. No solo nos permite descansar y recuperar energías, sino que también desempeña un papel crucial en la lucha contra la inflamación crónica y en el fortalecimiento de nuestro sistema inmunológico. Dormir bien y lo suficiente es esencial para mantenernos sanos y prevenir enfermedades asociadas con la inflamación. Durante el sueño, nuestro cuerpo lleva a cabo una serie de procesos importantes que nos ayudan a combatir la inflamación. Por ejemplo, se produce la liberación de hormonas que regulan la respuesta inflamatoria, lo que ayuda a reducir la inflamación en el cuerpo. Además, el sueño profundo y reparador estimula la producción de células inmunitarias que nos protegen contra infecciones y enfermedades. Por el contrario, la falta de sueño o un sueño de mala calidad puede tener efectos negativos en nuestro sistema inmunológico y aumentar la inflamación en el cuerpo. Estudios han demostrado que las personas que duermen menos de 7 horas por noche tienen un mayor riesgo de desarrollar enfermedades crónicas como la diabetes, la obesidad y las enfermedades cardiovasculares, que están relacionadas con la inflamación. Para mejorar la calidad de tu sueño y fortalecer tu sistema inmunológico, es importante seguir algunas recomendaciones: 1. Establece una rutina de sueño: Como se mencionó en capítulos anteriores, mantener un horario regular para acostarte y levantarte ayuda a regular tu reloj biológico y mejorar la calidad de tu sueño. Intenta acostarte y levantarte a la misma hora todos los días para establecer un patrón de sueño saludable. 2. Crea un ambiente propicio para el sueño: Asegúrate de que tu dormitorio sea un lugar tranquilo, oscuro y fresco que te invite al descanso. Evita el uso de dispositivos electrónicos antes de dormir y practica actividades relajantes como la meditación para preparar tu cuerpo y mente para el sueño. 3. Evita la cafeína y el alcohol antes de acostarte: Estas sustancias pueden interferir con tu sueño y afectar la calidad de tu descanso.

Limita su consumo por lo menos unas horas antes de irte a la cama para favorecer un sueño reparador. 4. Mantén una dieta saludable y equilibrada: La alimentación también juega un papel importante en la calidad de tu sueño. Consumir alimentos antiinflamatorios como frutas, verduras y granos enteros puede ayudarte a conciliar el sueño más fácilmente y mejorar la calidad de tu descanso. 5. Realiza actividad física regularmente: El ejercicio moderado durante el día puede contribuir a un mejor sueño por la noche. Intenta incorporar actividades físicas como caminar, nadar o hacer yoga en tu rutina diaria para promover un descanso reparador. En conclusión, el sueño de calidad es esencial para combatir la inflamación y fortalecer tu sistema inmunológico. Presta atención a tus hábitos de sueño y sigue estas recomendaciones para mejorar la calidad de tu descanso y disfrutar de los beneficios de un sueño reparador. Tu salud y bienestar te lo agradecerán. ¡Duerme bien y vive mejor!


Hábitos saludables para dormir mejor y despertarte con energía.

El sueño es un aspecto fundamental de nuestra salud y bienestar, y es crucial para combatir la inflamación crónica y fortalecer nuestro sistema inmunológico. Una buena calidad de sueño nos permite descansar, recuperar energías y llevar a cabo procesos importantes que nos ayudan a mantenernos sanos y prevenir enfermedades relacionadas con la inflamación. Para asegurar una buena calidad de sueño, es importante establecer una rutina regular de horarios para acostarse y levantarse. Mantener un horario constante ayuda a regular nuestro reloj biológico y mejorar la calidad de nuestro descanso. Además, crear un ambiente propicio para el sueño en nuestro dormitorio, evitando la presencia de dispositivos electrónicos y practicando actividades relajantes como la meditación, nos ayuda a preparar nuestro cuerpo y mente para el descanso. El consumo de cafeína y alcohol antes de acostarse puede interferir con la calidad de nuestro sueño, por lo que es importante limitar su ingesta unas horas antes de ir a la cama. Una dieta equilibrada y saludable, rica en alimentos antiinflamatorios como frutas, verduras y granos enteros, también puede favorecer la conciliación del sueño y mejorar su calidad. Asimismo, la práctica regular de ejercicio moderado durante el día puede contribuir a un mejor descanso por la noche, promoviendo un sueño reparador. En resumen, el sueño de calidad es esencial para combatir la inflamación y fortalecer nuestro sistema inmunológico. Siguiendo estas recomendaciones y prestando atención a nuestros hábitos de sueño, podemos mejorar la calidad de nuestro descanso y disfrutar de los beneficios de un sueño reparador.

Nuestra salud y bienestar nos lo agradecerán. ¡Duerme bien y vive mejor!

Crea un ambiente ideal para un sueño reparador en tu dormitorio.

Crear un ambiente ideal para un sueño reparador en tu dormitorio es fundamental para garantizar un descanso de calidad y promover la salud antiinflamatoria de tu cuerpo. Tu dormitorio debe ser un santuario de paz y tranquilidad, donde puedas relajarte y prepararte para una noche de sueño reparador. Para empezar, es importante mantener una temperatura agradable en tu dormitorio, ni demasiado caliente ni demasiado fría. Un ambiente fresco y bien ventilado favorece un sueño profundo y reparador. Además, asegúrate de que tu colchón y almohadas sean cómodos y de buena calidad para garantizar un descanso óptimo. Evita la presencia de dispositivos electrónicos en tu dormitorio, ya que la luz azul que emiten puede interferir con la producción de melatonina, la hormona del sueño. En su lugar, opta por actividades relajantes antes de acostarte, como leer un libro, meditar o practicar ejercicios de respiración. Otro aspecto clave para crear un ambiente ideal para el sueño es mantener tu dormitorio ordenado y libre de desorden. Un espacio limpio y organizado ayuda a calmar la mente y facilita la relajación, lo que a su vez favorece un descanso reparador. Además, es importante limitar el consumo de cafeína y alcohol antes de acostarte, ya que pueden afectar la calidad de tu sueño. En su lugar, opta por una taza de té relajante o un vaso de leche tibia antes de ir a la cama para promover la relajación y preparar tu cuerpo para el descanso. En resumen, crear un ambiente ideal para un sueño reparador en tu dormitorio es esencial para combatir la inflamación crónica y fortalecer tu sistema inmunológico. Siguiendo estos consejos y adoptando hábitos saludables para dormir mejor, podrás disfrutar de los beneficios de un sueño reparador y vivir una vida más sana y plena. ¡Duerme bien y vive mejor!

Suplementos antiinflamatorios: ¿Son realmente efectivos?

Los suplementos antiinflamatorios han ganado popularidad en los últimos años como una forma de combatir la inflamación crónica y promover la salud del cuerpo de forma natural. Sin embargo, surge la pregunta: ¿son realmente efectivos? Para responder a esta pregunta, es importante entender cómo funcionan los suplementos antiinflamatorios y cuáles son los más recomendados para combatir la inflamación. Los suplementos antiinflamatorios pueden ser de origen natural, como la cúrcuma, el jengibre, el omega-3 y la vitamina D, o sintéticos, como los medicamentos antiinflamatorios no esteroides (AINEs). La cúrcuma, por ejemplo, es conocida por sus poderosas propiedades antiinflamatorias gracias a su compuesto activo, la curcumina. La cúrcuma se ha utilizado tradicionalmente en la medicina ayurvédica y china para tratar diversas enfermedades inflamatorias, como la artritis y la enfermedad inflamatoria intestinal. La curcumina ha demostrado ser eficaz en la reducción de la inflamación y el dolor, y se ha convertido en uno de los suplementos antiinflamatorios más populares en la actualidad. El jengibre es otro suplemento antiinflamatorio natural que ha demostrado ser efectivo en la reducción de la inflamación y el dolor. El jengibre contiene compuestos bioactivos, como el gingerol, que tienen propiedades antiinflamatorias y antioxidantes. Se ha utilizado en la medicina tradicional para tratar diversas enfermedades inflamatorias, como la osteoartritis y la artritis reumatoide. El omega-3 es un ácido graso esencial que se encuentra en alimentos como el pescado, las nueces y las semillas de lino. Los suplementos de omega-3, en forma de aceite de pescado o cápsulas de aceite de krill, han demostrado ser eficaces en la reducción de la inflamación y la protección de la salud cardiovascular. Los omega-3 actúan como antiinflamatorios al inhibir la producción de sustancias proinflamatorias en el cuerpo, lo que ayuda a reducir la inflamación y el dolor. La vitamina D es un nutriente esencial para la salud ósea y el sistema inmunológico, y se ha relacionado con la reducción de la inflamación en el cuerpo. La vitamina D se puede obtener a través de la exposición al sol y de alimentos como el pescado graso, los huevos y los lácteos fortificados. Los suplementos de vitamina D son recomendados para aquellas personas que tienen deficiencia de este nutriente, ya que la vitamina D juega un papel crucial en la regulación de la respuesta inflamatoria del cuerpo. En conclusión, los suplementos antiinflamatorios pueden ser efectivos para combatir la inflamación crónica y promover la salud del cuerpo de forma natural. Sin embargo, es importante consultar a un profesional de la salud antes de comenzar a tomar cualquier suplemento, para asegurarse de que sea seguro y adecuado para tus necesidades específicas. Combinar los suplementos antiinflamatorios con una dieta equilibrada, ejercicio regular y hábitos saludables puede ser la clave para alcanzar una vida más sana, más larga y más plena. ¡Descubre el poder de los suplementos antiinflamatorios y transforma tu salud y bienestar hoy mismo!

Descubre los suplementos naturales que pueden ayudar a combatir la inflamación.

Descubre los suplementos naturales que pueden ayudar a combatir la inflamación  En la búsqueda de una vida saludable y libre de inflamación, es fundamental considerar los suplementos naturales que pueden potenciar nuestros esfuerzos. Los suplementos antiinflamatorios han demostrado ser una herramienta efectiva para combatir la inflamación crónica y promover la salud del cuerpo de forma natural. En este capítulo, exploraremos algunos de los suplementos más recomendados para combatir la inflamación y mejorar nuestro bienestar.  La cúrcuma es uno de los suplementos antiinflamatorios más populares y estudiados en la actualidad. Su compuesto activo, la curcumina, ha demostrado tener poderosas propiedades antiinflamatorias y antioxidantes. La cúrcuma se ha utilizado durante siglos en la medicina tradicional para tratar diversas enfermedades inflamatorias, como la artritis y la enfermedad inflamatoria intestinal. Incorporar la cúrcuma en nuestra dieta diaria o tomarla en forma de suplemento puede ayudar a reducir la inflamación y aliviar el dolor de forma natural.  Otro suplemento natural que ha demostrado ser efectivo en la reducción de la inflamación es el jengibre. El gingerol, uno de los compuestos bioactivos presentes en el jengibre, tiene propiedades antiinflamatorias y antioxidantes que pueden ayudar a combatir la inflamación y proteger nuestra salud. El jengibre se puede consumir fresco, en polvo o en forma de suplemento para obtener sus beneficios antiinflamatorios. Los ácidos grasos omega-3 también son fundamentales para combatir la inflamación en el cuerpo. El omega-3 se encuentra en alimentos como el pescado, las nueces y las semillas de lino, pero también se puede tomar en forma de suplemento. Los suplementos de omega-3 han demostrado ser eficaces en la reducción de la inflamación y la protección de la salud cardiovascular. Incorporar los omega-3 en nuestra dieta diaria puede ayudarnos a mantener un equilibrio antiinflamatorio en nuestro cuerpo y prevenir enfermedades relacionadas con la inflamación. La vitamina D es otro nutriente esencial que puede ayudarnos a combatir la inflamación en el cuerpo. La vitamina D se obtiene principalmente a través de la exposición al sol y de alimentos como el pescado graso y los lácteos fortificados. Sin embargo, en casos de deficiencia de vitamina D, los suplementos pueden ser una opción para asegurar un adecuado nivel en nuestro organismo. La vitamina D juega un papel crucial en la regulación de la respuesta inflamatoria del cuerpo, por lo que es importante mantener niveles óptimos para prevenir la inflamación crónica. En resumen, los suplementos naturales como la cúrcuma, el jengibre, los omega-3 y la vitamina D pueden ser aliados poderosos en nuestra lucha contra la inflamación crónica. Consultar con un profesional de la salud antes de comenzar a tomar cualquier suplemento es fundamental para asegurar su seguridad y eficacia en nuestro caso particular. Combinar los suplementos antiinflamatorios con una dieta equilibrada, ejercicio regular y hábitos saludables puede ser la clave para transformar nuestra salud y bienestar. ¡Descubre el poder de los suplementos naturales y da un paso más hacia una vida más sana y plena!

Cuándo y cómo tomar suplementos antiinflamatorios de manera segura y efectiva.

En la búsqueda de una vida saludable y libre de inflamación, es fundamental considerar los suplementos naturales que pueden potenciar nuestros esfuerzos. Los suplementos antiinflamatorios han demostrado ser una herramienta efectiva para combatir la inflamación crónica y promover la salud del cuerpo de forma natural. En este capítulo, exploraremos algunos de los suplementos más recomendados para combatir la inflamación y mejorar nuestro bienestar. La cúrcuma es uno de los suplementos antiinflamatorios más populares y estudiados en la actualidad. Su compuesto activo, la curcumina, ha demostrado tener poderosas propiedades antiinflamatorias y antioxidantes. La cúrcuma se ha utilizado durante siglos en la medicina tradicional para tratar diversas enfermedades inflamatorias, como la artritis y la enfermedad inflamatoria intestinal. Incorporar la cúrcuma en nuestra dieta diaria o tomarla en forma de suplemento puede ayudar a reducir la inflamación y aliviar el dolor de forma natural. Otro suplemento natural que ha demostrado ser efectivo en la reducción de la inflamación es el jengibre. El gingerol, uno de los compuestos bioactivos presentes en el jengibre, tiene propiedades antiinflamatorias y antioxidantes que pueden ayudar a combatir la inflamación y proteger nuestra salud. El jengibre se puede consumir fresco, en polvo o en forma de suplemento para obtener sus beneficios antiinflamatorios. Los ácidos grasos omega-3 también son fundamentales para combatir la inflamación en el cuerpo. El omega-3 se encuentra en alimentos como el pescado, las nueces y las semillas de lino, pero también se puede tomar en forma de suplemento. Los suplementos de omega-3 han demostrado ser eficaces en la reducción de la inflamación y la protección de la salud cardiovascular. Incorporar los omega-3 en nuestra dieta diaria puede ayudarnos a mantener un equilibrio antiinflamatorio en nuestro cuerpo y prevenir enfermedades relacionadas con la inflamación. La vitamina D es otro nutriente esencial que puede ayudarnos a combatir la inflamación en el cuerpo. La vitamina D se obtiene principalmente a través de la exposición al sol y de alimentos como el pescado graso y los lácteos fortificados. Sin embargo, en casos de deficiencia de vitamina D, los suplementos pueden ser una opción para asegurar un adecuado nivel en nuestro organismo. La vitamina D juega un papel crucial en la regulación de la respuesta inflamatoria del cuerpo, por lo que es importante mantener niveles óptimos para prevenir la inflamación crónica. En resumen, los suplementos naturales como la cúrcuma, el jengibre, los omega-3 y la vitamina D pueden ser aliados poderosos en nuestra lucha contra la inflamación crónica. Consultar con un profesional de la salud antes de comenzar a tomar cualquier suplemento es fundamental para asegurar su seguridad y eficacia en nuestro caso particular. Combinar los suplementos antiinflamatorios con una dieta equilibrada, ejercicio regular y hábitos saludables puede ser la clave para transformar nuestra salud y bienestar. ¡Descubre el poder de los suplementos naturales y da un paso más hacia una vida más sana y plena!

Consulta con tu médico para asegurarte de que los suplementos sean adecuados para ti.

En la búsqueda de una vida saludable y sin inflamación, es crucial considerar la importancia de consultar con un profesional de la salud antes de comenzar a tomar cualquier suplemento antiinflamatorio. Cada persona es única y puede tener requerimientos específicos, por lo que es fundamental asegurarse de que los suplementos sean adecuados y seguros para cada individuo. Antes de incorporar cualquier suplemento a tu rutina diaria, es importante programar una consulta con tu médico de confianza. Durante esta consulta, podrás discutir tus objetivos de salud, tu historial médico y cualquier condición preexistente que puedas tener. Tu médico podrá evaluar tu situación de manera integral y determinar si los suplementos antiinflamatorios son apropiados para ti, teniendo en cuenta posibles interacciones con otros medicamentos que puedas estar tomando. Además, tu médico podrá recomendarte las dosis adecuadas de cada suplemento, basadas en tus necesidades individuales. Es importante seguir las instrucciones de tu médico con respecto a cuándo y cómo tomar los suplementos para obtener los máximos beneficios y evitar posibles efectos secundarios. Tu médico también podrá realizar un seguimiento de tu progreso a lo largo del tiempo y ajustar tu plan de suplementación según sea necesario. Consultar con tu médico antes de comenzar a tomar suplementos antiinflamatorios no solo garantiza tu seguridad, sino que también te brinda la oportunidad de recibir orientación personalizada y experta en tu camino hacia una vida más saludable y libre de inflamación. Recuerda que la salud es un viaje individual y que contar con el apoyo de un profesional de la salud puede marcar la diferencia en tu bienestar a largo plazo. En conclusión, la consulta con tu médico es un paso esencial en tu camino hacia una vida saludable y antiinflamatoria. Aprovecha esta oportunidad para obtener orientación experta, personalizada y segura sobre el uso de suplementos naturales para combatir la inflamación en tu cuerpo. ¡No esperes más, da el primer paso hacia una vida más sana y plena consultando con tu médico hoy mismo!

Toxinas ambientales: Cómo protegerte de la inflamación oculta.

En la búsqueda de una vida saludable y libre de inflamación, es fundamental considerar el impacto que las toxinas ambientales pueden tener en nuestro cuerpo. A diario, estamos expuestos a una amplia gama de sustancias tóxicas que pueden desencadenar procesos inflamatorios silenciosos y contribuir al desarrollo de enfermedades crónicas. Las toxinas ambientales se encuentran en el aire que respiramos, en el agua que bebemos, en los alimentos que consumimos y en los productos químicos que utilizamos en nuestra vida diaria. Estas sustancias pueden provenir de fuentes naturales, como los contaminantes atmosféricos, o de actividades humanas, como los pesticidas y los productos de limpieza. Para protegernos de la inflamación oculta causada por las toxinas ambientales, es importante adoptar medidas preventivas en nuestro entorno y en nuestro estilo de vida. Algunas estrategias efectivas incluyen: 1. Filtrar el agua: Utilizar un sistema de filtración de agua en casa puede ayudar a reducir la exposición a contaminantes como el cloro, los metales pesados y los productos químicos agrícolas. 2. Evitar los productos químicos nocivos: Optar por productos de limpieza y cuidado personal naturales y libres de toxinas puede minimizar la exposición a sustancias dañinas para la salud. 3. Ventilar adecuadamente: Mantener una buena ventilación en el hogar y en el lugar de trabajo puede ayudar a eliminar los contaminantes del aire interior y reducir el riesgo de inflamación. 4. Consumir alimentos orgánicos: Optar por alimentos orgánicos y libres de pesticidas puede disminuir la exposición a sustancias tóxicas presentes en los alimentos convencionales. 5. Desintoxicar el cuerpo: Realizar terapias de desintoxicación como la sauna, la terapia de quelación o el ayuno intermitente puede ayudar a eliminar las toxinas acumuladas en el cuerpo y reducir la carga inflamatoria. Al adoptar estas medidas preventivas y mantener un estilo de vida saludable, podemos protegernos de la inflamación oculta causada por las toxinas ambientales y promover la salud y el bienestar a largo plazo. Recuerda que la prevención es la clave para una vida libre de enfermedades y llena de vitalidad. En el próximo capítulo, exploraremos en detalle los beneficios de una dieta antiinflamatoria y cómo podemos incorporar alimentos saludables en nuestra rutina diaria para combatir la inflamación crónica. ¡No te lo pierdas!

Identifica las toxinas ambientales que pueden estar contribuyendo a la inflamación.

En nuestro día a día, estamos rodeados de toxinas ambientales que pueden afectar nuestra salud y contribuir a la inflamación crónica en nuestro cuerpo. Identificar y eliminar estas sustancias tóxicas es fundamental para mantenernos saludables y prevenir enfermedades relacionadas con la inflamación. Una de las principales fuentes de toxinas ambientales son los productos de limpieza que utilizamos en nuestro hogar. Muchos de estos productos contienen ingredientes químicos agresivos que pueden irritar nuestra piel, afectar nuestra respiración y contribuir a la inflamación en nuestro cuerpo. Para reducir la exposición a estas toxinas, es importante optar por productos de limpieza naturales y libres de sustancias dañinas. Otra fuente común de toxinas ambientales son los pesticidas utilizados en la agricultura. Estos productos químicos pueden contaminar nuestros alimentos y el agua que consumimos, lo que puede tener efectos negativos en nuestra salud y contribuir a la inflamación en nuestro cuerpo. Para minimizar la exposición a pesticidas, es recomendable optar por alimentos orgánicos y cultivados de manera sostenible. Además, el aire que respiramos también puede estar contaminado con toxinas ambientales, como los gases de escape de los vehículos, los humos de las fábricas y los químicos presentes en los productos de uso doméstico. Para reducir la exposición a estas sustancias tóxicas, es importante ventilar adecuadamente los espacios interiores y evitar la exposición prolongada a ambientes contaminados. Por último, el agua que bebemos también puede contener toxinas ambientales, como el cloro, los metales pesados y los productos químicos utilizados en el tratamiento del agua. Para asegurarnos de estar consumiendo agua limpia y segura, es recomendable instalar un sistema de filtración en casa que elimine las impurezas y toxinas presentes en el agua. Identificar y eliminar las toxinas ambientales que pueden estar contribuyendo a la inflamación en nuestro cuerpo es fundamental para mantenernos sanos y prevenir enfermedades crónicas. Al adoptar medidas preventivas y cuidar nuestro entorno, podemos proteger nuestra salud y promover el bienestar a largo plazo. ¡No subestimes el poder de un ambiente limpio y libre de toxinas para tu salud!

Estrategias prácticas para reducir tu exposición a toxinas en el hogar y el trabajo.

La exposición a toxinas ambientales en nuestro hogar y lugar de trabajo es un problema cada vez más común en nuestra sociedad moderna. Estas sustancias tóxicas pueden afectar nuestra salud de manera significativa y contribuir a la inflamación crónica en nuestro cuerpo. Es por eso que es fundamental identificar las fuentes de estas toxinas y tomar medidas para reducir nuestra exposición a ellas. En el hogar, una de las principales fuentes de toxinas ambientales son los productos de limpieza que utilizamos a diario. Muchos de estos productos contienen ingredientes químicos agresivos que pueden ser perjudiciales para nuestra salud. Para reducir la exposición a estas sustancias tóxicas, es importante optar por productos de limpieza naturales y libres de químicos dañinos. También es recomendable ventilar bien los espacios interiores para eliminar los vapores tóxicos que puedan acumularse en el aire. Otra fuente común de toxinas en el hogar son los materiales de construcción y los muebles que pueden liberar compuestos orgánicos volátiles (COV) en el aire. Estos compuestos pueden causar irritación en los ojos, la nariz y la garganta, así como contribuir a la inflamación en nuestro cuerpo. Para reducir la exposición a los COV, es importante elegir materiales de construcción y muebles que sean bajos en emisiones y optar por pinturas y barnices ecológicos. En el lugar de trabajo, también podemos estar expuestos a toxinas ambientales a través de productos químicos, humos tóxicos y contaminantes en el aire. Para reducir esta exposición, es importante seguir las normas de seguridad y salud ocupacional establecidas por las autoridades competentes. Además, es fundamental mantener los espacios de trabajo bien ventilados y utilizar equipos de protección personal cuando sea necesario. Además de identificar y reducir la exposición a toxinas ambientales en el hogar y el trabajo, es importante adoptar hábitos saludables que fortalezcan nuestro sistema inmunológico y nos ayuden a combatir la inflamación crónica. Esto incluye seguir una dieta antiinflamatoria rica en alimentos frescos y naturales, hacer ejercicio regularmente, gestionar el estrés de manera efectiva y dormir lo suficiente. En definitiva, reducir nuestra exposición a toxinas ambientales en el hogar y el trabajo es fundamental para mantenernos sanos y prevenir enfermedades relacionadas con la inflamación. Al tomar medidas preventivas y cuidar nuestro entorno, podemos promover nuestra salud y bienestar a largo plazo. ¡No subestimes el poder de un ambiente limpio y libre de toxinas para tu salud!

Crea un ambiente más saludable y libre de toxinas para ti y tu familia.

Crear un ambiente más saludable y libre de toxinas para ti

y tu familia es fundamental para promover la salud y el bienestar a largo plazo. En un mundo lleno de productos químicos y contaminantes, es importante tomar medidas para reducir nuestra exposición a estas sustancias tóxicas que pueden afectar nuestra salud de manera significativa. Una de las principales fuentes de toxinas en el hogar son los productos de limpieza que utilizamos a diario. Muchos de estos productos contienen ingredientes químicos agresivos que pueden ser perjudiciales para nuestra salud. Optar por productos de limpieza naturales y libres de químicos dañinos es una excelente manera de reducir nuestra exposición a estas sustancias tóxicas. Además, ventilar bien los espacios interiores para eliminar los vapores tóxicos que puedan acumularse en el aire es igualmente importante. Los materiales de construcción y los muebles en nuestro hogar también pueden ser una fuente de toxinas ambientales. Los compuestos orgánicos volátiles (COV) liberados por estos materiales pueden causar irritación en los ojos, la nariz y la garganta, además de contribuir a la inflamación en nuestro cuerpo. Por lo tanto, es crucial elegir materiales de construcción y muebles bajos en emisiones, así como optar por pinturas y barnices ecológicos para reducir la exposición a los COV. En el lugar de trabajo, la exposición a toxinas ambientales también es un problema común. Los productos químicos, los humos tóxicos y los contaminantes en el aire pueden afectar nuestra salud y contribuir a la inflamación crónica en nuestro cuerpo. Seguir las normas de seguridad y salud ocupacional, mantener los espacios de trabajo bien ventilados y utilizar equipos de protección personal son medidas fundamentales para reducir esta exposición. Además de identificar y reducir la exposición a toxinas ambientales, es importante adoptar hábitos saludables que fortalezcan nuestro sistema inmunológico y nos ayuden a combatir la inflamación crónica. Seguir una dieta antiinflamatoria rica en alimentos frescos y naturales, hacer ejercicio regularmente, gestionar el estrés de manera efectiva y dormir lo suficiente son acciones imprescindibles para mantenernos sanos y prevenir enfermedades relacionadas con la inflamación. En resumen, crear un ambiente más saludable y libre de toxinas para ti y tu familia es esencial para promover la salud y el bienestar. Al tomar medidas preventivas, cuidar nuestro entorno y adoptar hábitos saludables, podemos fortalecer nuestro sistema inmunológico, combatir la inflamación crónica y vivir una vida más larga, más plena y más saludable. ¡No subestimes el poder de un ambiente limpio y libre de toxinas para tu salud y la de tus seres queridos!

Prevención y tratamiento de enfermedades relacionadas con la inflamación:

Prevención y tratamiento de enfermedades relacionadas con la inflamación: Una vez que hemos creado un ambiente más saludable y libre de toxinas para nosotros y nuestra familia, es momento de abordar la prevención y tratamiento de enfermedades relacionadas con la inflamación. La inflamación crónica es la raíz de muchas enfermedades modernas, por lo que es crucial adoptar un estilo de vida antiinflamatorio para combatirla de manera efectiva. Identificar los alimentos inflamatorios y antiinflamatorios es el primer paso en este proceso. Los alimentos procesados, ricos en azúcares refinados y grasas trans, son conocidos por promover la inflamación en el cuerpo. Por otro lado, los alimentos frescos y naturales, como frutas, verduras, granos enteros, pescado y frutos secos, son potentes antiinflamatorios que pueden ayudarnos a reducir la inflamación y prevenir enfermedades. Crear una dieta deliciosa y nutritiva que combata la inflamación es fundamental para mantenernos sanos y prevenir enfermedades crónicas. Incorporar alimentos como el brócoli, las bayas, el jengibre, el ajo y el aceite de oliva en nuestra alimentación diaria puede ayudarnos a reducir la inflamación y fortalecer nuestro sistema inmunológico. Además, es importante evitar los alimentos procesados, las grasas saturadas y los azúcares añadidos, que pueden desencadenar la inflamación en nuestro cuerpo. Incorporar hábitos saludables como el ejercicio regular y el manejo del estrés también son clave en la prevención y tratamiento de enfermedades relacionadas con la inflamación. El ejercicio físico regular ayuda a reducir la inflamación en el cuerpo, fortalece el sistema inmunológico y mejora la salud cardiovascular. Por otro lado, el estrés crónico puede desencadenar la inflamación en nuestro cuerpo, por lo que es fundamental encontrar estrategias efectivas para gestionar el estrés, como la meditación, el yoga o la respiración consciente. Descubrir suplementos naturales que pueden potenciar nuestra salud antiinflamatoria es otra herramienta importante en la prevención y tratamiento de enfermedades relacionadas con la inflamación. La cúrcuma, el omega-3, la vitamina D y el jengibre son solo algunos de los suplementos naturales que han demostrado tener propiedades antiinflamatorias y pueden ayudarnos a combatir la inflamación crónica en nuestro cuerpo. En resumen, la prevención y tratamiento de enfermedades relacionadas con la inflamación requiere un enfoque holístico que combine una dieta antiinflamatoria, hábitos saludables, ejercicio regular, manejo del estrés y suplementos naturales. Al adoptar un estilo de vida antiinflamatorio, podemos fortalecer nuestro sistema inmunológico, combatir la inflamación crónica y vivir una vida más larga, más plena y más saludable. ¡No subestimes el poder de la alimentación antiinflamatoria para transformar tu salud y bienestar!

Enfermedades cardíacas: El papel de la inflamación en el riesgo cardiovascular.

Enfermedades cardíacas: El papel de la inflamación en el riesgo cardiovascular. Las enfermedades cardíacas son una de las principales causas de muerte en todo el mundo. Se estima que cada año, millones de personas mueren a causa de problemas del corazón, como ataques cardíacos, insuficiencia cardíaca y enfermedad coronaria. La inflamación juega un papel crucial en el desarrollo y progresión de estas enfermedades, ya que la inflamación crónica puede dañar las arterias, aumentar la formación de placas en las arterias y aumentar el riesgo de coágulos sanguíneos que pueden provocar un ataque cardíaco o un accidente cerebrovascular. La inflamación en el cuerpo es una respuesta natural del sistema inmunológico para protegerse de infecciones y lesiones. Sin embargo, cuando la inflamación se vuelve crónica, puede causar estragos en el cuerpo y contribuir al desarrollo de enfermedades crónicas como las enfermedades cardíacas. La inflamación crónica puede ser desencadenada por una variedad de factores, como una dieta rica en alimentos procesados, el sedentarismo, el estrés crónico y la exposición a toxinas ambientales. Para reducir el riesgo de enfermedades cardíacas y proteger la salud cardiovascular, es fundamental adoptar un estilo de vida antiinflamatorio. Esto incluye seguir una dieta rica en alimentos antiinflamatorios, como frutas, verduras, granos enteros, pescado y frutos secos, y evitar los alimentos procesados, las grasas saturadas y los azúcares añadidos. Además, es importante mantenerse activo físicamente, practicar técnicas de manejo del estrés como la meditación y el yoga, y evitar la exposición a toxinas ambientales como el humo del tabaco y la contaminación del aire. Además de adoptar un estilo de vida antiinflamatorio, es importante realizar controles regulares de la presión arterial, el colesterol y el azúcar en la sangre para detectar cualquier problema cardiovascular en etapas tempranas. El tratamiento de enfermedades cardíacas generalmente incluye cambios en el estilo de vida, como la adopción de una dieta saludable y la práctica de ejercicio regular, así como el uso de medicamentos para controlar la presión arterial y el colesterol. En resumen, la inflamación juega un papel crucial en el riesgo cardiovascular y el desarrollo de enfermedades cardíacas. Adoptar un estilo de vida antiinflamatorio, que incluya una dieta saludable, ejercicio regular, manejo del estrés y controles regulares de la salud cardiovascular, es fundamental para reducir el riesgo de enfermedades cardíacas y proteger la salud del corazón. ¡No subestimes el poder de la alimentación antiinflamatoria para transformar tu salud cardiovascular y bienestar general!

Cómo la inflamación crónica puede aumentar el riesgo de enfermedades cardíacas.

En el mundo moderno, las enfermedades cardíacas se han convertido en una de las principales causas de muerte. La mala alimentación, el sedentarismo, el estrés crónico y la exposición a toxinas ambientales han contribuido al aumento de los problemas cardiovasculares en la población. Sin embargo, hay un factor subyacente que se ha identificado como un impulsor importante de las enfermedades cardíacas: la inflamación crónica. La inflamación crónica es una respuesta del sistema inmunológico que se mantiene activa durante períodos prolongados de tiempo. A diferencia de la inflamación aguda, que es una respuesta rápida y transitoria a una lesión o infección, la inflamación crónica puede dañar los tejidos y órganos del cuerpo. En el caso de las enfermedades cardíacas, la inflamación crónica puede afectar las arterias coronarias y provocar la formación de placas de colesterol, lo que aumenta el riesgo de obstrucción y coágulos sanguíneos. Numerosos estudios han demostrado la estrecha relación entre la inflamación crónica y las enfermedades cardíacas. Cuando el cuerpo está constantemente inflamado, se producen cambios en las arterias que las hacen más propensas a la acumulación de placa y la formación de coágulos. Además, la inflamación crónica también puede desencadenar respuestas anómalas en el sistema inmunológico, lo que puede contribuir a la progresión de enfermedades como la aterosclerosis y la insuficiencia cardíaca. Es fundamental comprender que la inflamación crónica puede ser desencadenada por una serie de factores, muchos de los cuales están relacionados con el estilo de vida. Una dieta rica en grasas saturadas, azúcares añadidos y alimentos procesados puede desencadenar una respuesta inflamatoria en el cuerpo. Del mismo modo, el sedentarismo, el estrés crónico y la exposición a toxinas ambientales pueden contribuir a mantener la inflamación crónica en el organismo. Para reducir el riesgo de enfermedades cardíacas y proteger la salud del corazón, es crucial adoptar un estilo de vida antiinflamatorio. Esto incluye seguir una dieta equilibrada y rica en alimentos antiinflamatorios, como frutas, verduras, granos enteros, pescado y frutos secos. Además, es importante mantenerse activo físicamente, practicar técnicas de manejo del estrés como la meditación y el yoga, y evitar la exposición a toxinas ambientales. En última instancia, la prevención de las enfermedades cardíacas comienza con la reducción de la inflamación crónica en el cuerpo. Al adoptar un estilo de vida saludable y antiinflamatorio, puedes proteger tu corazón y reducir el riesgo de problemas cardiovasculares en el futuro. Recuerda que la alimentación antiinflamatoria es una poderosa herramienta para transformar tu salud y bienestar general. ¡Toma el control de tu salud cardiovascular y comienza a vivir la vida que siempre has deseado!

Estrategias para prevenir las enfermedades cardíacas a través de la dieta y el estilo de vida antiinflamatorio.

En este capítulo, exploraremos algunas estrategias clave para prevenir las enfermedades cardíacas a través de una dieta y un estilo de vida antiinflamatorio. Descubrirás cómo pequeños cambios en tus hábitos diarios pueden marcar una gran diferencia en la salud de tu corazón y en tu bienestar general. 1. Identificar los alimentos inflamatorios y antiinflamatorios, para prevenir las enfermedades cardíacas, es fundamental conocer cuáles son los alimentos que promueven la inflamación en el cuerpo y cuáles son aquellos que la combaten. Los alimentos ricos en grasas saturadas, azúcares añadidos, y alimentos procesados son conocidos por aumentar la inflamación en el organismo y aumentar el riesgo de enfermedades cardíacas. Por otro lado, los alimentos antiinflamatorios como frutas, verduras, granos enteros, pescado y frutos secos, pueden ayudar a reducir la inflamación y proteger la salud del corazón. 2. Crear una dieta deliciosa y nutritiva que combata la inflamación, una forma efectiva de prevenir las enfermedades cardíacas es seguir una dieta equilibrada y rica en alimentos antiinflamatorios. Al incluir una variedad de alimentos frescos y naturales en tu dieta, estarás proporcionando a tu cuerpo los nutrientes necesarios para combatir la inflamación y proteger la salud de tu corazón. Además, puedes experimentar con recetas saludables y deliciosas que te ayuden a mantener una alimentación antiinflamatoria sin renunciar al sabor. 3. Incorporar hábitos saludables como el ejercicio regular y el manejo del estrés, además de seguir una dieta antiinflamatoria, es importante incorporar otros hábitos saludables en tu vida para prevenir las enfermedades cardíacas. El ejercicio regular es fundamental para mantener un corazón sano y fortalecer el sistema cardiovascular. Además, practicar técnicas de manejo del estrés como la meditación, el yoga o la respiración profunda puede ayudarte a reducir la inflamación en el cuerpo y mejorar tu bienestar emocional. 4. Descubrir suplementos naturales que pueden potenciar tu salud antiinflamatoria, además de una dieta equilibrada y hábitos saludables, existen suplementos naturales que pueden ayudarte a potenciar tu salud antiinflamatoria y prevenir las enfermedades cardíacas. Por ejemplo, el aceite de pescado, la cúrcuma, el jengibre y la vitamina D son suplementos conocidos por sus propiedades antiinflamatorias y beneficios para la salud del corazón. Consulta con un profesional de la salud antes de incorporar cualquier suplemento a tu dieta. 5. Prevenir y tratar enfermedades relacionadas con la inflamación, además de las enfermedades cardíacas, la inflamación crónica también puede estar relacionada con otras condiciones de salud como la artritis, la diabetes, la obesidad y la enfermedad de Alzheimer. Al adoptar un estilo de vida antiinflamatorio, no solo estarás protegiendo tu corazón, sino que también estarás reduciendo el riesgo de desarrollar estas enfermedades relacionadas con la inflamación. Es importante cuidar de tu cuerpo de manera integral para mantener una buena salud a largo plazo. En conclusión, prevenir las enfermedades cardíacas a través de una dieta y un estilo de vida antiinflamatorio es una estrategia efectiva y poderosa para proteger la salud de tu corazón y mejorar tu bienestar general. Al identificar los alimentos inflamatorios y antiinflamatorios, crear una dieta equilibrada, incorporar hábitos saludables, descubrir suplementos naturales y prevenir otras enfermedades relacionadas con la inflamación, estarás tomando el control de tu salud cardiovascular y viviendo la vida que siempre has deseado. ¡No esperes más para transformar tu salud y comenzar a disfrutar de los beneficios de una vida antiinflamatoria!

La importancia de los chequeos médicos regulares y el control de los factores de riesgo.

En este capítulo, profundizaremos en la importancia de los chequeos médicos regulares y el control de los factores de riesgo para prevenir enfermedades cardíacas y promover una vida saludable antiinflamatoria. Los chequeos médicos regulares son fundamentales para detectar cualquier problema de salud en sus etapas tempranas, lo que permite un tratamiento más efectivo y mejores resultados a largo plazo. Es crucial que establezcas una relación de confianza con tu médico de cabecera y que acudas a tus citas de seguimiento de manera puntual. Durante tus chequeos médicos, se evaluarán diferentes factores de riesgo que pueden contribuir al desarrollo de enfermedades cardíacas, como la presión arterial, el colesterol, el azúcar en la sangre, el peso y el índice de masa corporal. Además, es importante que discutas con tu médico sobre tus antecedentes familiares de enfermedades cardíacas, ya que la genética juega un papel importante en la predisposición a ciertas condiciones de salud. Tu médico podrá recomendarte pruebas específicas o cambios en tu estilo de vida para reducir tu riesgo de desarrollar enfermedades cardíacas en el futuro. El control de los factores de riesgo es esencial para mantener un corazón sano y prevenir la inflamación crónica en el cuerpo. Al adoptar hábitos saludables como una dieta equilibrada, el ejercicio regular, la gestión del estrés y el abandono del tabaco, estarás protegiendo tu corazón y promoviendo una vida antiinflamatoria. Recuerda que la salud es un viaje continuo y que cada pequeño paso que tomes hacia un estilo de vida más saludable te acercará a una mejor calidad de vida y bienestar general. No subestimes el poder de los chequeos médicos regulares y el control de los factores de riesgo, ya que son fundamentales para prevenir enfermedades cardíacas y disfrutar de una vida plena y saludable. ¡Toma el control de tu salud y comienza a vivir la vida que siempre has deseado!

Diabetes tipo 2: La conexión entre la inflamación y la resistencia a la insulina.

La diabetes tipo 2 es una enfermedad crónica que afecta a millones de personas en todo el mundo. Se caracteriza por la resistencia a la insulina, lo que significa que el cuerpo no puede utilizar eficazmente la insulina que produce para regular los niveles de azúcar en la sangre. Esta resistencia a la insulina puede llevar a un aumento de la inflamación en el cuerpo, lo que a su vez puede empeorar la diabetes y aumentar el riesgo de complicaciones graves. La conexión entre la inflamación y la resistencia a la insulina es un tema clave en el tratamiento y la prevención de la diabetes tipo 2. La inflamación crónica en el cuerpo puede interferir con la capacidad de la insulina para funcionar correctamente, lo que lleva a un aumento de los niveles de azúcar en la sangre y a una mayor resistencia a la insulina. Esta situación puede provocar un círculo vicioso en el que la inflamación empeora la resistencia a la insulina, lo que a su vez empeora la inflamación. Para combatir esta conexión entre la inflamación y la resistencia a la insulina, es crucial adoptar una dieta antiinflamatoria rica en alimentos que ayuden a reducir la inflamación en el cuerpo. Alimentos como frutas y verduras, grasas saludables como el aceite de oliva y el aguacate, pescado rico en ácidos grasos omega-3 y especias como la cúrcuma pueden ayudar a reducir la inflamación y mejorar la sensibilidad a la insulina. Además de una dieta antiinflamatoria, es importante mantener un peso saludable, hacer ejercicio regularmente y controlar el estrés para prevenir y controlar la diabetes tipo 2. El ejercicio puede ayudar a mejorar la sensibilidad a la insulina y a reducir la inflamación en el cuerpo, mientras que el control del estrés puede ayudar a regular los niveles de azúcar en la sangre y mejorar la salud general. En resumen, la diabetes tipo 2 y la resistencia a la insulina están estrechamente relacionadas con la inflamación en el cuerpo. Adoptar una dieta antiinflamatoria, hacer ejercicio regularmente y controlar el estrés son medidas clave para prevenir y controlar la diabetes tipo 2, mejorar la sensibilidad a la insulina y promover una vida saludable antiinflamatoria. ¡Toma el control de tu salud y comienza a vivir la vida que siempre has deseado!

Cómo la inflamación crónica puede contribuir al desarrollo de la diabetes tipo 2.

La diabetes tipo 2 es una enfermedad que afecta a millones de personas en todo el mundo, y la inflamación crónica juega un papel crucial en su desarrollo y progresión. La resistencia a la insulina es una de las principales características de la diabetes tipo 2, y se sabe que la inflamación crónica puede contribuir a esta resistencia. La inflamación crónica es una respuesta del sistema inmunológico a estímulos dañinos, como infecciones, lesiones o toxinas. Sin embargo, cuando esta respuesta se vuelve crónica y persistente, puede causar estragos en el cuerpo, desencadenando una serie de enfermedades crónicas, incluida la diabetes tipo 2. La conexión entre la inflamación y la resistencia a la insulina radica en el hecho de que la inflamación puede interferir con la capacidad de la insulina para regular los niveles de azúcar en la sangre. La insulina es una hormona producida por el páncreas que ayuda a la absorción de glucosa por parte de las células, lo que permite que se use como fuente de energía. Sin embargo, cuando hay inflamación en el cuerpo, la insulina puede tener dificultades para cumplir su función, lo que lleva a un aumento de los niveles de azúcar en la sangre y a una mayor resistencia a la insulina. Además, la inflamación crónica también puede desencadenar la liberación de ciertas sustancias químicas en el cuerpo, como citoquinas y adipocinas, que pueden interferir con la acción de la insulina. Estas sustancias pueden provocar una respuesta inflamatoria en los tejidos, lo que agrava aún más la resistencia a la insulina y puede conducir al desarrollo de la diabetes tipo 2. Para combatir esta conexión entre la inflamación y la resistencia a la insulina, es fundamental adoptar una dieta antiinflamatoria rica en alimentos que ayuden a reducir la inflamación en el cuerpo. Alimentos como frutas y verduras frescas, grasas saludables como el aguacate y el aceite de oliva, pescado rico en ácidos grasos omega-3 y especias como la cúrcuma son excelentes opciones para combatir la inflamación y mejorar la sensibilidad a la insulina. Además de una alimentación saludable, es importante mantener un peso saludable, hacer ejercicio regularmente y controlar el estrés para prevenir y controlar la diabetes tipo 2. El ejercicio puede mejorar la sensibilidad a la insulina y reducir la inflamación en el cuerpo, mientras que el control del estrés puede ayudar a regular los niveles de azúcar en la sangre y mejorar la salud general. En definitiva, la inflamación crónica puede contribuir al desarrollo de la diabetes tipo 2 al interferir con la capacidad de la insulina para regular los niveles de azúcar en la sangre. Adoptar una dieta antiinflamatoria y mantener un estilo de vida saludable son medidas clave para prevenir y controlar esta enfermedad, mejorar la sensibilidad a la insulina y promover una vida saludable y plena. ¡Toma el control de tu salud y comienza a vivir la vida que siempre has deseado!

Cambios en la dieta y el estilo de vida para prevenir y controlar la diabetes tipo 2.

Los cambios en la dieta y el estilo de vida son fundamentales para prevenir y controlar la diabetes tipo 2, una enfermedad que afecta a millones de personas en todo el mundo. La inflamación crónica desempeña un papel crucial en el desarrollo de esta enfermedad, por lo que es importante adoptar una dieta antiinflamatoria y hábitos de vida saludables para combatirla. Una de las primeras medidas que puedes tomar es identificar los alimentos inflamatorios y antiinflamatorios. Los alimentos procesados, ricos en azúcares refinados y grasas trans, pueden desencadenar una respuesta inflamatoria en el cuerpo, contribuyendo al desarrollo de la resistencia a la insulina y la diabetes tipo 2. Por otro lado, los alimentos frescos y naturales, como frutas, verduras, pescado y grasas saludables, pueden ayudar a reducir la inflamación y mejorar la sensibilidad a la insulina. Crear una dieta deliciosa y nutritiva que combata la inflamación es esencial para prevenir y controlar la diabetes tipo 2. Puedes incorporar alimentos antiinflamatorios como la cúrcuma, el jengibre, el ajo, las nueces y las semillas de chía en tus comidas diarias para beneficiarte de sus propiedades saludables. Además, es importante mantener un equilibrio adecuado de carbohidratos, proteínas y grasas en tu dieta para regular los niveles de azúcar en la sangre y mejorar la sensibilidad a la insulina. Además de una alimentación saludable, es fundamental incorporar hábitos saludables en tu estilo de vida para prevenir y controlar la diabetes tipo 2. El ejercicio regular puede mejorar la sensibilidad a la insulina, reducir la inflamación en el cuerpo y ayudarte a mantener un peso saludable. Actividades como caminar, nadar, hacer yoga o practicar deportes son excelentes opciones para mantener tu cuerpo en movimiento y promover una buena salud metabólica. El manejo del estrés también juega un papel importante en la prevención y control de la diabetes tipo 2. El estrés crónico puede aumentar los niveles de azúcar en la sangre y desencadenar una respuesta inflamatoria en el cuerpo, por lo que es crucial encontrar formas de relajarte y reducir el estrés en tu vida diaria. La meditación, la respiración profunda, el yoga y la terapia cognitivo-conductual son técnicas efectivas para gestionar el estrés y mejorar tu salud general. Además de una dieta antiinflamatoria y hábitos de vida saludables, también puedes considerar la incorporación de suplementos naturales que puedan potenciar tu salud antiinflamatoria. El aceite de pescado, la cúrcuma, la vitamina D y el resveratrol son algunos ejemplos de suplementos que han demostrado tener efectos beneficiosos en la reducción de la inflamación y la mejora de la sensibilidad a la insulina. En resumen, los cambios en la dieta y el estilo de vida son fundamentales para prevenir y controlar la diabetes tipo 2, una enfermedad que está estrechamente relacionada con la inflamación crónica en el cuerpo. Adoptar una dieta antiinflamatoria, hacer ejercicio regularmente, controlar el estrés y considerar la incorporación de suplementos naturales son medidas clave para mejorar la sensibilidad a la insulina, regular los niveles de azúcar en la sangre y promover una vida saludable y plena. ¡Toma el control de tu salud y comienza a vivir la vida que siempre has deseado!

La importancia del monitoreo de la glucosa en sangre y el seguimiento médico.

El monitoreo regular de la glucosa en sangre es fundamental para el control de la diabetes tipo 2 y la prevención de complicaciones relacionadas con esta enfermedad. La glucosa en sangre es la cantidad de azúcar presente en tu sangre en un momento determinado, y su nivel puede variar según diversos factores como la alimentación, el ejercicio y el estrés. El seguimiento de tus niveles de glucosa en sangre te permite conocer cómo responde tu cuerpo a los alimentos que consumes, a la actividad física que realizas y a las situaciones de estrés que enfrentas. Esto es crucial para ajustar tu dieta y tu estilo de vida de acuerdo a tus necesidades individuales y para prevenir episodios de hiperglucemia (niveles altos de azúcar en sangre) o hipoglucemia (niveles bajos de azúcar en sangre). Existen diferentes formas de monitorear la glucosa en sangre, como el uso de medidores de glucosa portátiles que te permiten obtener una lectura rápida y precisa de tus niveles de azúcar en sangre en cualquier momento y lugar. También puedes realizar pruebas de hemoglobina A1c, que proporcionan una medida promedio de tus niveles de glucosa en sangre en los últimos 2-3 meses. Es importante mantener un registro de tus niveles de glucosa en sangre y compartir esta información con tu equipo médico, que incluye a tu médico de cabecera, endocrinólogo, nutricionista y educador en diabetes. El seguimiento médico regular es esencial para evaluar tu progreso en el control de la diabetes tipo 2, ajustar tu tratamiento si es necesario y prevenir complicaciones a largo plazo. Tu equipo médico te ayudará a establecer objetivos realistas para el control de la glucosa en sangre, a diseñar un plan de alimentación personalizado y a recomendar cambios en tu estilo de vida que te permitan mantener unos niveles de azúcar en sangre saludables y prevenir complicaciones asociadas con la diabetes tipo 2. También te brindarán apoyo emocional y educación sobre la enfermedad para que puedas tomar decisiones informadas sobre tu salud. Además del monitoreo de la glucosa en sangre y el seguimiento médico, es importante prestar atención a otros factores que pueden afectar tus niveles de azúcar en sangre, como el estrés, la falta de sueño y la actividad física. El manejo adecuado de estos factores, junto con una dieta antiinflamatoria y hábitos de vida saludables, te ayudará a controlar la diabetes tipo 2 y a vivir una vida plena y activa. En conclusión, el monitoreo de la glucosa en sangre y el seguimiento médico son pilares fundamentales en el control de la diabetes tipo 2 y en la prevención de complicaciones relacionadas con esta enfermedad. Mantener un registro de tus niveles de azúcar en sangre, compartir esta información con tu equipo médico y seguir sus recomendaciones te permitirá mantener unos niveles de glucosa en sangre saludables, mejorar tu calidad de vida y prevenir complicaciones a largo plazo. ¡Toma el control de tu salud y comienza a vivir la vida que siempre has deseado!

Artritis: Combatiendo el dolor y la inflamación articular.

La artritis es una enfermedad que afecta a millones de personas en todo el mundo, causando dolor, inflamación y rigidez en las articulaciones. Se trata de una enfermedad crónica que puede afectar a personas de todas las edades, pero es más común en adultos mayores. La artritis puede tener un impacto significativo en la calidad de vida de quienes la padecen, limitando su movilidad y causando dolor constante. La inflamación es un factor clave en la artritis, ya que es la respuesta natural del cuerpo ante una lesión o infección. Sin embargo, en el caso de la artritis, la inflamación se vuelve crónica y contribuye al daño de las articulaciones. Por lo tanto, es fundamental adoptar un enfoque antiinflamatorio en el tratamiento de la artritis para reducir el dolor y la inflamación articular. Una de las formas más efectivas de combatir la artritis es a través de la alimentación. Existen alimentos que pueden desencadenar la inflamación en el cuerpo, como los alimentos procesados, los azúcares refinados y las grasas saturadas. Por otro lado, hay alimentos que tienen propiedades antiinflamatorias y pueden ayudar a reducir la inflamación en las articulaciones, como los alimentos ricos en omega-3, como el pescado, las semillas de chía y las nueces, y los alimentos ricos en antioxidantes, como las frutas y verduras de colores brillantes. Además de una dieta antiinflamatoria, es importante mantener un peso saludable y practicar ejercicio regularmente para fortalecer los músculos y mejorar la flexibilidad de las articulaciones. El ejercicio de bajo impacto, como la natación, el yoga y el tai chi, puede ser especialmente beneficioso para las personas con artritis, ya que ayuda a reducir el dolor y la rigidez en las articulaciones sin causar un impacto adicional en ellas. El manejo del estrés también juega un papel importante en el tratamiento de la artritis, ya que el estrés puede empeorar los síntomas de la enfermedad. Practicar técnicas de relajación, como la meditación, la respiración profunda y el mindfulness, puede ayudar a reducir el estrés y mejorar la calidad de vida de las personas con artritis. Además de estos enfoques naturales, existen suplementos naturales que pueden ayudar a reducir la inflamación y el dolor en las articulaciones, como el aceite de pescado, la cúrcuma y el jengibre. Consultar con un profesional de la salud antes de comenzar a tomar cualquier suplemento es fundamental para asegurarse de que sea seguro y efectivo para ti. En conclusión, la artritis es una enfermedad crónica que puede causar dolor y limitar la movilidad de quienes la padecen. Sin embargo, adoptar un enfoque antiinflamatorio a través de la alimentación, el ejercicio, el manejo del estrés y el uso de suplementos naturales puede ayudar a reducir la inflamación y mejorar la calidad de vida de las personas con artritis. ¡No dejes que el dolor y la inflamación te detengan, toma el control de tu salud y comienza a vivir la vida que siempre has deseado!

¿Cómo la inflamación crónica puede afectar las articulaciones y causar artritis?

La artritis es una enfermedad crónica que afecta a millones de personas en todo el mundo. Se caracteriza por causar dolor, inflamación y rigidez en las articulaciones, lo que puede limitar la movilidad y afectar la calidad de vida de quienes la padecen. La inflamación crónica juega un papel fundamental en el desarrollo y progresión de la artritis, ya que contribuye al daño de las articulaciones y al deterioro de los tejidos. Cuando el sistema inmunológico se activa de forma excesiva, se produce una respuesta inflamatoria descontrolada que puede afectar a las articulaciones y causar artritis. Esta inflamación crónica puede ser desencadenada por diversos factores, como la genética, el estilo de vida, el estrés, la mala alimentación y las enfermedades autoinmunes. A medida que la inflamación persiste en el tiempo, las articulaciones se vuelven más sensibles al dolor, la hinchazón y la rigidez, lo que dificulta la movilidad y limita las actividades diarias. La artritis se clasifica en diferentes tipos, siendo la osteoartritis y la artritis reumatoide las más comunes. La osteoartritis es una enfermedad degenerativa que afecta a las articulaciones debido al desgaste del cartílago, mientras que la artritis reumatoide es una enfermedad autoinmune que causa inflamación en las articulaciones y puede afectar a otros órganos del cuerpo. Ambas enfermedades comparten síntomas como el dolor, la inflamación y la rigidez, pero se diferencian en su causa y tratamiento. El tratamiento de la artritis se centra en aliviar el dolor, reducir la inflamación y mejorar la movilidad de las articulaciones. Además de los medicamentos antiinflamatorios y analgésicos recetados por un médico, es fundamental adoptar un estilo de vida saludable que incluya una alimentación antiinflamatoria, ejercicio regular, manejo del estrés y descanso adecuado. Estas medidas pueden ayudar a reducir la inflamación en las articulaciones, fortalecer los músculos y mejorar la calidad de vida de las personas con artritis. Una dieta rica en alimentos antiinflamatorios, como pescado, frutas, verduras, nueces y semillas, puede ayudar a reducir la inflamación en el cuerpo y mejorar la salud articular. Por otro lado, es importante evitar los alimentos procesados, los azúcares refinados, las grasas saturadas y los alimentos ricos en aditivos y conservantes, ya que pueden empeorar la inflamación y el dolor en las articulaciones. Además de la alimentación, el ejercicio regular es fundamental para fortalecer los músculos, mejorar la flexibilidad y reducir el dolor en las articulaciones. Actividades como la natación, el yoga, el tai chi y la caminata son excelentes opciones para las personas con artritis, ya que son de bajo impacto y no causan un estrés adicional en las articulaciones. El manejo del estrés también es clave en el tratamiento de la artritis, ya que el estrés puede empeorar los síntomas de la enfermedad y desencadenar brotes de inflamación. Practicar técnicas de relajación, como la meditación, la respiración profunda y el mindfulness, puede ayudar a reducir el estrés, mejorar la calidad del sueño y aliviar el dolor en las articulaciones. En resumen, la artritis es una enfermedad crónica que afecta a las articulaciones y causa dolor, inflamación y rigidez. La inflamación crónica juega un papel fundamental en el desarrollo y progresión de la enfermedad, por lo que es importante adoptar un enfoque antiinflamatorio en el tratamiento de la artritis. Una dieta saludable, ejercicio regular, manejo del estrés y descanso adecuado son clave para reducir la inflamación, aliviar el dolor y mejorar la calidad de vida de las personas con artritis. ¡No dejes que el dolor te detenga, toma el control de tu salud y comienza a vivir la vida que siempre has deseado!

Estrategias para aliviar el dolor y la inflamación

Enfrentarse al dolor y la inflamación crónica puede resultar abrumador, pero existen estrategias efectivas para aliviar estos síntomas y mejorar la calidad de vida. La clave está en adoptar un enfoque integral que combine la alimentación antiinflamatoria, el ejercicio regular, el manejo del estrés y el descanso adecuado. Una de las estrategias más importantes para combatir la inflamación es seguir una dieta rica en alimentos antiinflamatorios. Incorporar alimentos como pescado rico en ácidos grasos omega-3, frutas y verduras coloridas, nueces y semillas, puede ayudar a reducir la inflamación en el cuerpo y mejorar la salud en general. Por otro lado, es fundamental evitar los alimentos procesados, los azúcares refinados y las grasas saturadas, ya que pueden empeorar la inflamación y el dolor. Además de la alimentación, el ejercicio regular es clave para aliviar el dolor y mejorar la función articular. Actividades como la natación, el yoga, el tai chi y la caminata son excelentes opciones para las personas que sufren de dolor crónico, ya que ayudan a fortalecer los músculos, mejorar la flexibilidad y reducir la rigidez en las articulaciones. Es importante encontrar un equilibrio entre el ejercicio y el descanso, para evitar lesiones y permitir que el cuerpo se recupere adecuadamente. El manejo del estrés también juega un papel fundamental en la reducción de la inflamación y el dolor crónico. El estrés crónico puede desencadenar una respuesta inflamatoria en el cuerpo, por lo que es importante practicar técnicas de relajación como la meditación, la respiración profunda y el mindfulness. Estas prácticas pueden ayudar a reducir el estrés, mejorar la calidad del sueño y aliviar el dolor en las articulaciones. Además de adoptar estas estrategias, es importante consultar a un profesional de la salud para recibir un tratamiento personalizado y adecuado a cada caso. Los suplementos naturales, como la cúrcuma, el jengibre y el aceite de pescado, pueden ser útiles para reducir la inflamación y aliviar el dolor. Sin embargo, es importante hablar con un médico antes de comenzar cualquier tratamiento complementario. En resumen, aliviar el dolor y la inflamación crónica requiere un enfoque integral que incluya una alimentación antiinflamatoria, ejercicio regular, manejo del estrés y descanso adecuado. Adoptar estas estrategias puede ayudar a reducir la inflamación en el cuerpo, mejorar la función articular y aumentar la calidad de vida. ¡No te resignes al dolor, toma el control de tu salud y comienza a vivir la vida que siempre has deseado!

www.ingramcontent.com/pod-product-compliance
Lightning Source LLC
Chambersburg PA
CBHW050109230526
45470CB00004B/1755